U0466107

中国雪茄博物馆

中国雪茄文化研究
溯源与国产烟叶原料叙事体系构建

白远良 董凌峰 徐 恒 李成然 著

华夏出版社
HUAXIA PUBLISHING HOUSE

图书在版编目（CIP）数据

中国雪茄文化研究：溯源与国产烟叶原料叙事体系构建 / 白远良等著. -- 北京：华夏出版社有限公司，2025.
ISBN 978-7-5222-0847-3

Ⅰ. TS453

中国国家版本馆 CIP 数据核字第 2024XQ8507 号

中国雪茄文化研究——溯源与国产烟叶原料叙事体系构建

著　　者	白远良　董凌峰　徐　恒　李成然
责任编辑	霍本科
责任印制	刘　洋
封面设计	成都星空时代文化传媒有限公司
封面制作	李媛格
出版发行	华夏出版社有限公司
经　　销	新华书店
印　　装	三河市万龙印装有限公司
版　　次	2025 年 5 月第 1 版　2025 年 5 月第 1 次印刷
开　　本	880×1230　1/16 开
印　　张	12.25
字　　数	240 千字
定　　价	188.00 元

华夏出版社有限公司　社址：北京市东直门外香河园北里 4 号
　　　　　　　　　　　　邮编：100028　网址：www.hxph.com.cn
　　　　　　　　　　　　电话：010-64663331（转）
　　　　　　　　　　　　投稿合作：010-64672903；hbk801@163.com

若发现本版图书有印装质量问题，请与我社营销中心联系调换。

卷首语

　　为了进一步贯彻落实习近平总书记关于传承和弘扬中华优秀传统文化的重要论述和工作要求，讲好中国优秀雪茄故事，在国家烟草专卖局正确领导下，在四川中烟党组倾力支持下，中国雪茄博物馆围绕大航海历史、民族雪茄百年发展历程，以及中国雪茄之乡、中国雪茄之都——什邡地质演变、土壤、气候，烟叶种植、晒晾、发酵，雪茄制备等核心要素，以国际化视野开展中国雪茄溯源、国产烟叶原料、中国雪茄风格等历史文化发掘与研究，持续擦亮什邡"雪茄烟叶""长城雪茄"两大名片，打造中国雪茄之都，积极、正面回应世界雪茄产业界之问——中国雪茄为什么好、长城雪茄为什么好？

　　本书以中国雪茄博物馆8篇中国雪茄文化研究论文为基础，并摘引了相关学者的研究成果，对构建中国雪茄尤其是中国雪茄领军品牌——长城雪茄的国产烟叶原料的话语体系、叙事体系进行了初步探索。

　　本书第二章第一节、第三章第三节，第三章第四节，第二章第二节，由白远良分别与董凌峰、徐恒以及什邡市烟草公司李成然合作完成，其余章节由白远良独立撰写、组稿。鉴于作者视野、能力水平有限，书中难免有疏漏甚至错误之处，恳请专业人士、读者、历史研究者、雪茄文化爱好者批评指正。

白远良

2024年8月

于中国雪茄博物馆

什么是雪茄

Britannica
(《大不列颠百科全书》)

Cigar, cylindrical roll of tobacco for smoking, consisting of cut tobacco filler in a binder leaf with a wrapper leaf rolled spirally around the bunch.

雪茄,用于抽吸的圆柱形烟草卷,由茄芯、茄套、茄衣三部分组成,其中茄芯烟束由茄套包裹,茄衣呈螺旋形包裹着茄套外表面。

Cambridge Dictionary
(《剑桥词典》)

Cigar, a tight roll of dried tobacco leaves used for smoking.

雪茄,由干烟叶制成的用于抽吸的紧致烟卷。

Collins English Dictionary
(《柯林斯英语词典》)

Cigars are rolls of dried tobacco leaves which people smoke.

雪茄是供人抽吸的干烟叶卷。

《雪茄烟生产技术》
（金熬熙编著,轻工业出版社,1982年）

全部由烟叶构成的圆柱形或方柱形烟支,最里面是芯叶（茄芯）,包卷在芯叶外的是内包皮叶（茄套）,卷覆在最外面的是外包皮叶（茄衣）。

雪茄烟叶的三种农业调制方式

农业调制是决定烟叶品质最核心的环节。遵循制作传统，雪茄烟叶的农业调制一般在自然环境下进行，主要包括以下三种方式：

晒晾调制（俗称晒烟）：调制季节同时具备阴天多（占比60%左右）、高温天气少（最高温低于30℃的天数占比大于30%）、昼夜温差小（温差小于10℃的天数占比大于30%）、一二级自然风占主导地位（占比大于70%）等条件的地区，适用晒晾调制，以晒为主、晾为辅，即调制期间，烟叶白天暴露在日光下的时间远大于遮光阴晾。例如，北纬30°世界顶级晒烟黄金产区——中国什邡。

晾晒调制（俗称晾烟）：调制季节同时具备晴天多（占比50%左右）、高温天气多（最高温为30—33℃的天数占比大于70%）、昼夜温差大（温差10—13℃的天数占比大于70%）、二三级自然风占主导地位（占比大于70%）等条件的地区，适用晾晒调制，以晾为主、晒为辅，即调制期间，烟叶白天暴露在日光下的时间远少于遮光阴晾。例如，北纬20°世界顶级晾烟黄金产区——古巴比那尔·德·里奥。

晾烤调制（俗称晾烤烟，也称晾烟）：不具备调制优质晒晾烟、晾晒烟的产区，或者为了在受控条件下得到特定品质的雪茄烟叶，多采用带有强制通风、调温、调湿系统的晾房进行晾烤调制，晾房结构严格密封，避免阳光直晒（建造标准类似密集烤房）。

茄芯烟叶及其配方构成是决定一支雪茄风格与味道的灵魂所在。选择哪种农业调制方式，烟叶产区调制季节的气候条件影响甚巨，非人力所能改变，没有优劣之分，只有吸食风味的细微差异。人工干预的晾烤烟成本、剔除率高，适用于特定用途、高价值雪茄烟叶的调制（例如茄衣、茄套烟叶）。

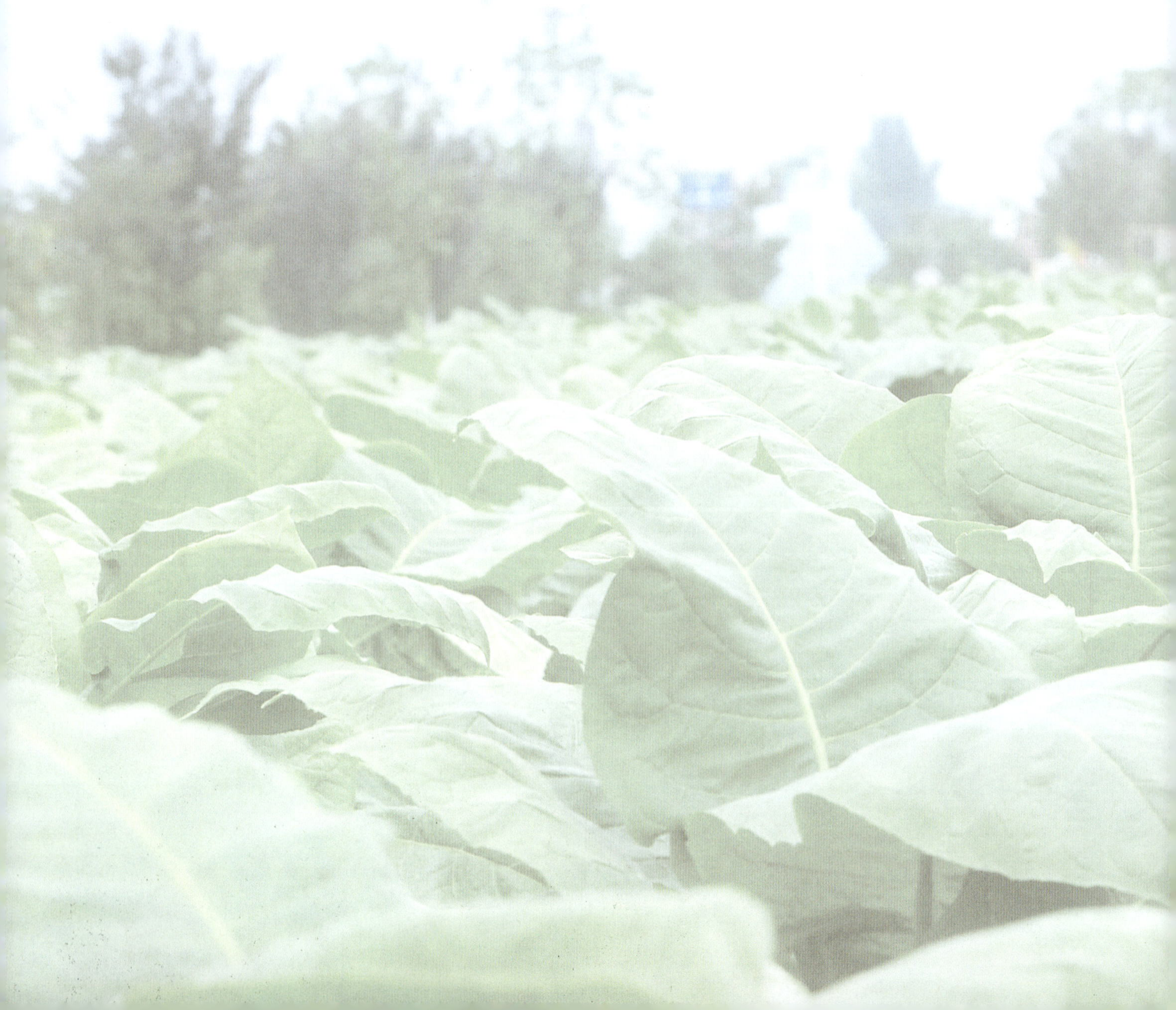

目录

第一章　16世纪美洲雪茄烟传入中国（什邡）的路径溯源

第一节　世界雪茄烟原产地——尤卡坦半岛　3

第二节　15世纪末至16世纪葡萄牙、西班牙三大条约对美洲雪茄烟传播路径的影响　5

一、《阿尔卡索瓦斯条约》对15世纪末美洲雪茄烟发现的影响　5

二、《托尔德西里亚斯条约》《萨拉戈萨条约》对美洲雪茄烟传播路径的影响　5

第三节　16世纪至17世纪初美洲雪茄烟传入中国（什邡）的路径溯源　9

一、16世纪初美洲雪茄烟传入中国福建漳泉的路径溯源　9

二、美洲雪茄烟从福建漳泉传播到四川什邡的路径溯源　12

延伸阅读一　西班牙与新世界——1492—1596年　14

延伸阅读二　1415—1600年葡萄牙的海洋扩张与征服亚洲活动　15

第二章　中国晒晾烟雪茄烟叶原料叙事体系构建
——四川什邡出产世界顶级晒烟的主要因素

第一节　地质变迁造就了得天独厚的烟叶种植地理环境　21

一、地质变迁为中国什邡烟叶种植带来了肥沃的紫色油砂土壤　24

二、地质变迁为中国什邡烟叶种植带来了充沛的雨水　26

三、地质变迁为中国什邡烟叶种植带来了富足的光热　30

第二节　广袤的冲积平原为烟叶种植提供了优越的土壤条件　38

一、什邡平原烟叶种植区土壤pH值与有机质、矿质元素含量　39

二、什邡平原烟叶种植区土壤排水透气性、保湿性和大田期土温变化　39

三、什邡平原烟叶种植区地下水位变化和土壤胶体结构　41

四、关于充分发挥什邡平原土壤优势、加快世界顶级雪茄用烟叶产区核心能力建设的思考　44

第三节　独特的季节性气候为什邡烟叶晒晾调制提供了卓越的气候条件　48

一、2018—2023年什邡烟叶调制季节日最高气温、日温差分布情况　52

二、2018—2023年什邡烟叶调制季节天气、风速分布情况　52

三、2018—2023年什邡烟叶调制季节空气湿度分布情况　52

四、中国（什邡）烟叶采用晒晾调制的气候原因　53

目录

第四节　毛烟、柳烟为什邡烟叶提供了优质的种源基础　58
 一、毛烟类型　58
 二、柳烟类型　61
 三、泉烟类型　61

第五节　什邡独特的烟叶晒晾调制过程　70
 第一阶段：采收　70
 第二阶段：晒晾设备制备 [烟房（晒棚）、烟杆、烟圈、烟绳等]　71
 第三阶段：晒晾过程　72
 第四阶段：烟叶发酵　74
 第五阶段：烟叶加工　75

 延伸阅读　中古雪茄烟叶调制方式差异的气候因素——以中国什邡、古巴比那尔·德·里奥为例　76

第三章　中国雪茄文化品牌构建与中国晒烟型雪茄定义的理论探索

第一节　中国雪茄兴盛于19世纪末、20世纪初的原因　92

第二节　中国雪茄品牌文化体系构建的路径思考　106
 一、世界雪茄品牌文化体系构建的基本框架　106
 二、世界雪茄品牌文化类别划分　108
 三、中国晒烟型雪茄品牌文化体系构建的路径　111
 四、关于增强中国雪茄品牌文化软实力、助推中国晒烟型雪茄产业高质量发展的思考　117

第三节　关于长城雪茄晒烟文化体系构建、落地、发挥功效的建议　124
 一、关于推进长城雪茄晒烟文化建设的建议　124
 二、关于长城雪茄品牌文化体系落地、发挥功效的建议　131
 三、关于进一步筑牢长城雪茄品牌文化体系根基、做实做强中国雪茄博物馆的建议　132

第四节　中国雪茄风格定义的核心要素及其形成的历史脉络　135
 一、中国雪茄及其风格定义应具备的核心要素　139
 二、中国雪茄代表性风格形成的历史脉络　141
 三、关于推进中国雪茄产业高质量发展的三点思考　149

第五节　中国长城雪茄"醇甜香"风格的前世今生　　　151
一、"醇甜香"的前世——百年积淀　　　151
二、"醇甜香"的今生——厚积薄发　　　161

附录　中国优质晒烟传统产区分布

第一节　深色晒烟
1. 四川什邡索烟　　　165
2. 江西广丰紫老烟叶　　　165
3. 浙江紫老桐乡　　　167
4. 浙江松阳烟叶　　　169
5. 江西其他各地的深色晒烟　　　170
6. 广东鹤山红烟　　　170
7. 附广西武鸣晾烟　　　171

第二节　淡色晒烟
1. 广东南雄与江西信丰淡黄色晒烟　　　174
2. 河南邓县淡黄色晒烟　　　175
3. 江西广丰淡黄色晒烟　　　176
4. 浙江萧山四都金黄色大叶晒烟　　　176
5. 其他各地金黄色大叶晒烟　　　178
6. 江西省各地的金黄色大叶晒烟　　　178
7. 瑞昌（宿松、黄梅、广济）深黄色晒烟　　　179
8. 其他各地的深黄色晒烟　　　182
9. 浙江新昌、湖北黄冈淡黄色小叶晒烟　　　184

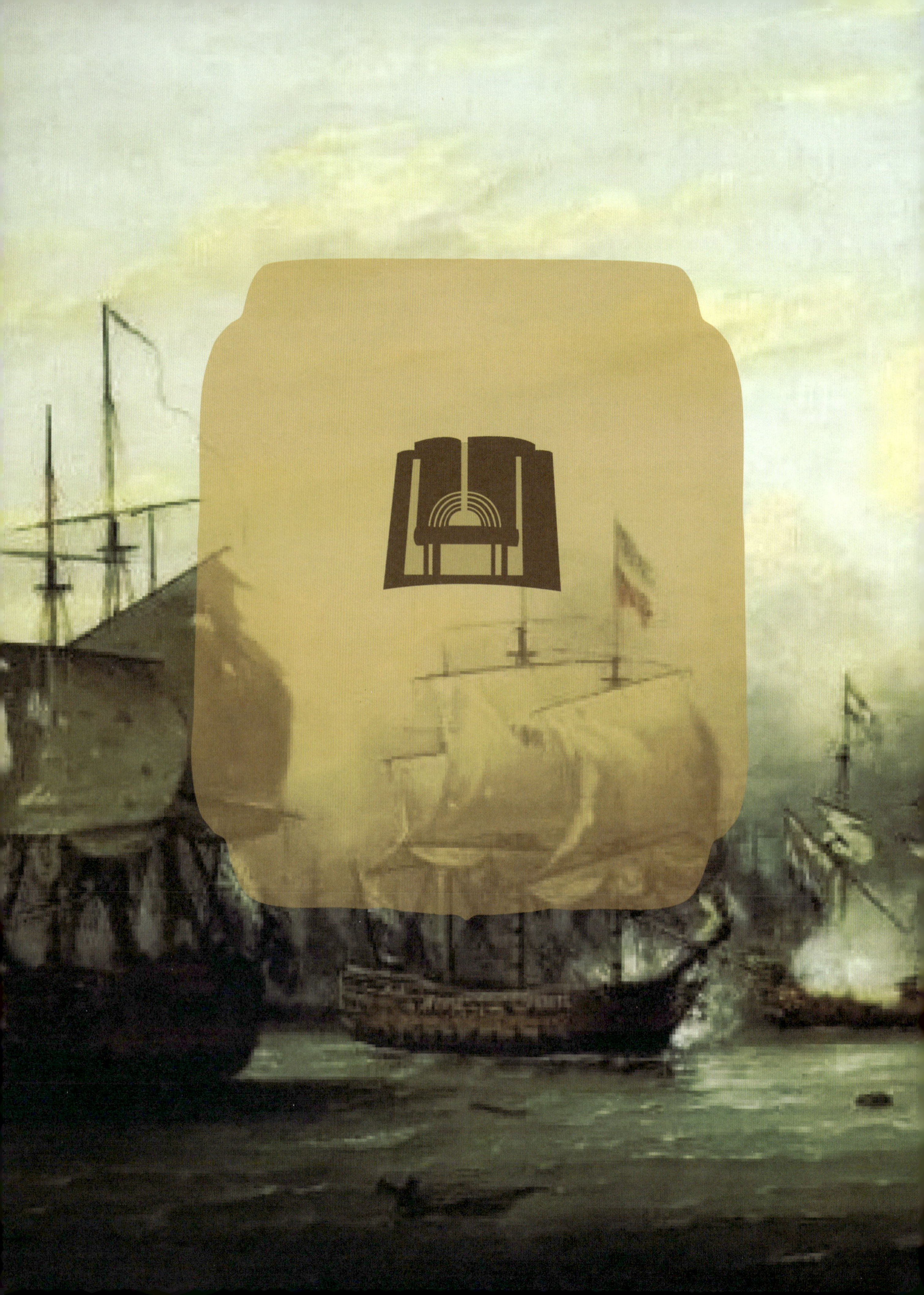

第一章

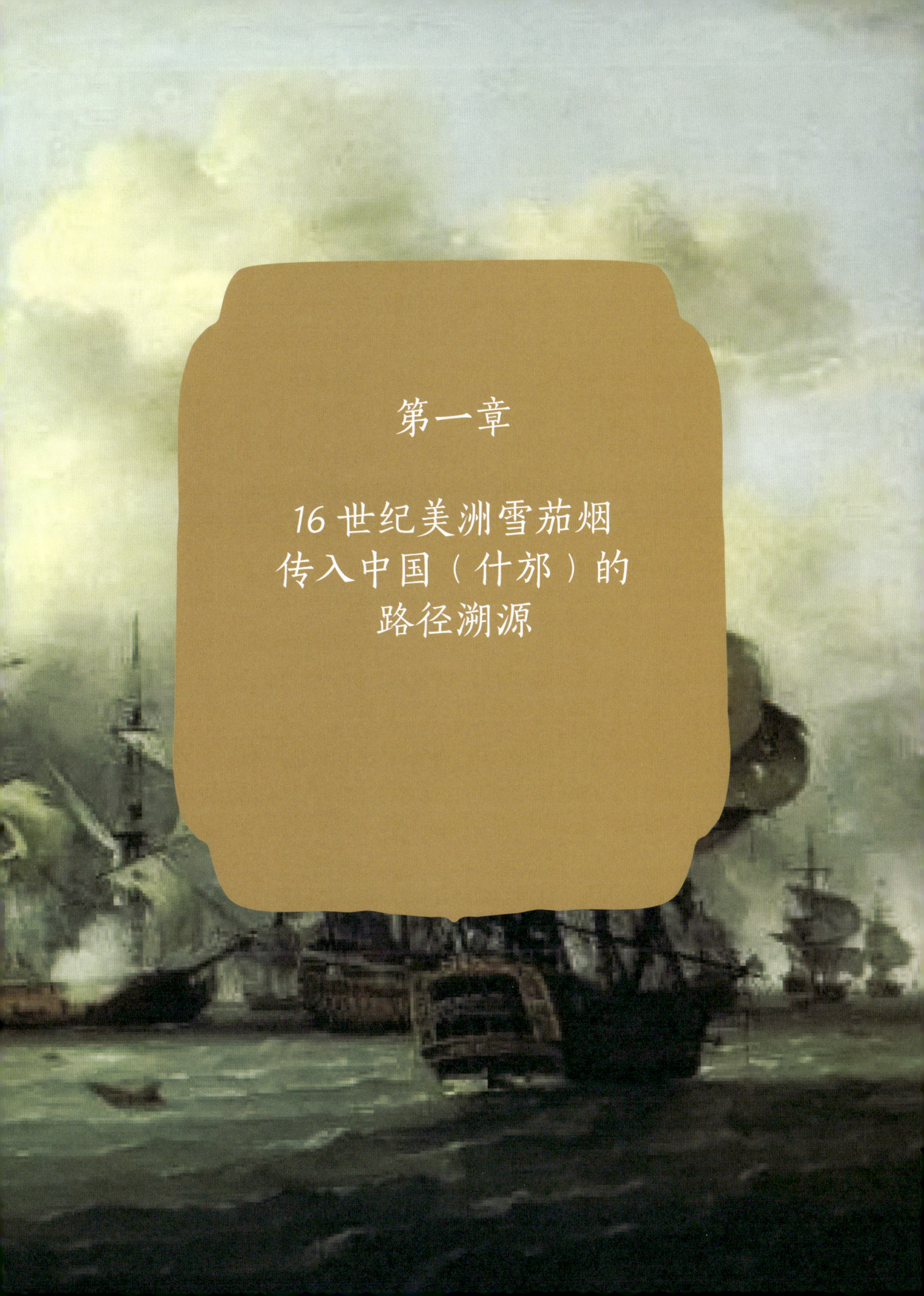

16世纪美洲雪茄烟传入中国（什邡）的路径溯源

关于雪茄烟传入中国的路径与时间，一直存在较大争议，本章通过梳理15世纪、16世纪葡萄牙、西班牙航海史、殖民史、海洋势力范围划分和中国内外商路等历史资料，分析雪茄烟在世界范围内的传播路径。对16世纪雪茄烟传入中国四川什邡的路径溯源研究显示，该路径与传入欧洲的路径不同，前者依次是：四川什邡（1600年左右）、福建漳泉（1526年左右）、菲律宾群岛（1515年左右）、马六甲（1511年）、印度果阿（1508年）、巴西塞古罗港（1500年）、尤卡坦半岛（公元前1500—300年）。

按照《大不列颠百科全书》的定义，雪茄是用于抽吸的圆柱形烟草卷，由茄芯、茄套、茄衣三部分组成，其中茄芯烟束由茄套包裹，茄衣呈螺旋形包裹着茄套外表面。雪茄原料一般为自然条件下晒晾调制的烟叶（简称晒烟，下同）或晾晒调制的烟叶（简称晾烟，下同）。由于烟叶调制季节各地气候不同，吸食习惯也存在差异，中国雪茄传统上主要采用晒烟卷制，欧美雪茄主要采用晾烟卷制，有的雪茄生产企业也会同时采用晒烟和晾烟卷制雪茄。

关于中国雪茄烟的发展溯源，20世纪中叶（1950年代）前的学者，一般认为来源于日本、朝鲜或吕宋；近年来，随着有关欧美烟草著述的引入，更多的学者和从业者认为中国雪茄烟作为舶来品，其传播源头是古巴，这一说法也似乎成为大多数人关于世界雪茄源起的标准论述，主要依据是雪茄的发现地为古巴。美洲雪茄烟传播到亚洲以及中国内陆的路线溯源研究不多，且大多缺乏可信的、科学详尽的论述，罕见学者根据美洲雪茄烟发展历史，大航海初期（15世纪末、16世纪初）葡萄牙、西班牙航海权利划分和殖民发展史，中国对外贸易史和中国商路发展史来开展烟草传播路径和传播时间的研究分析，但显而易见，这样的溯源研究更具可信性、科学性、权威性。

1895年清政府因巨额战争赔款被迫放开商办企业控制，之后民族资本开始进入雪茄制造业。1895年四川中江吴甲山开办了中国第一家雪茄手工作坊；1918年在四川什邡诞生了中国第一家满足工业化、专业化分工要求的雪茄生产企业——益川工业社，1944年其手工雪茄产销量突破1亿支。新中国成立后，以益川工业社为基础，整合什邡、温江、广汉、中江等雪茄生产企业成立了益川烟厂。此后由于卷烟消费的冲击和政策的限制，中国手工雪茄产量规模逐渐萎缩，到2020年左右，国产手工雪茄市场销量不足30万支，益川烟厂因为首长卷制特需雪茄成为唯一一家持续百年而未中断手工雪茄制售的工业企业，什邡也成为中国雪茄国内发展源头。雪茄烟传入中国的路径溯源，在某种意义上可以简化为中国什邡雪茄烟的传入路径研究。

本章尝试通过15世纪末、16世纪，葡萄牙、西班牙在航海与贸易权利竞争中拓展的航海路线、签订的势力范围划分条约、殖民活动史，中国对外对内贸易史，系统地梳理葡西两国航海贸易、殖民活动范围、路线与历史，溯源出更为可信、科学、权威的中国雪茄烟引入路径。

第一节
世界雪茄烟原产地——尤卡坦半岛

大约距今2万—1万年前，孤悬于西半球的美洲大陆开始有人类居住。考古发掘资料表明，早在8000年前，秘鲁沿海居民就发展出最早的农业，开始了物种驯化。在距今5000年前，印第安人已将野生玉米培育为栽培作物。大约在公元前1500—300年，在今尤卡坦半岛一带，玛雅人培育出了烟草。由于发展水平较低，当时美洲文明还没有形成比较完整或系统的宗教信仰体系，信仰各处不同。烟草作为文化与文明的重要载体，也成为美洲文明交流的重要组成部分，让烟草的芳香氤氲遍及美洲各地。

在烟草使用上，北美洲印第安人喜欢用烟斗抽烟，而中南美洲的玛雅人更喜欢抽吸雪茄（15世纪末，南美洲一般人工种植红花烟，中美洲及各岛屿则采用野生黄花烟卷制雪茄）。根据推测，美洲先民抽烟习惯的形成可能源于祭司或巫师在宗教仪式上采用的"燔柴"祭祀模式（"祭天曰燔柴"，为古代祭天祭神的仪式。牺牲、祭品等放置在堆积的干柴之上焚烧，不会留下剩余物，人们据此认为它们已全部被神灵所接纳。这种祭祀也被认为是最好的），烟草燃烧散发的香气能缓解紧张压抑，带来愉悦轻松之感，是宗教仪式最恰当的点缀与效果表达，飘散的烟气消失于虚空之中（神灵栖居之所），为宗教搭建了现实与虚无之间沟通的桥梁，满足了美洲一切宗教仪式的需要，加上烟草的依赖性，祭祀人员逐渐养成了烟草消费习惯，并掌握了烟草的医疗作用，进一步推动了烟草传播。

一开始，烟草传播范围较小，只限于祭司、巫医之间，后来才逐渐从单纯的仪式需要发展到满足普遍的日常需要。在玛雅人、阿兹特克人眼中，烟草是一种很重要的祭祀物品，是西华科蒂尔女神的化身。他们相信烟草能够破除咒语，保护族人不被野兽伤害。

在墨西哥欧里盖茨部落，人们在洞穴里或山顶举行宗教仪式，燃烧烟草，祈求神灵庇佑。在马萨特克，库拉德诺人使用烟

公元600—800年玛雅文明时期抽雪茄的君王

草粉末糨糊和石灰，以化解孕妇所受的巫术。拉坎邓尼斯的人们在烟草丰收季节摘取第一片烟叶卷成一支雪茄，或者将烟叶放置在祭祀用的烟钵中，用晶片聚焦太阳光点燃烟草供奉象征土地的奥拉神，然后再将烟草敬献给其他神灵。考古中发现的一些手抄本、庙宇壁画与塑像、陶瓷容器和石碑上，随处可见抽着雪茄、手拿烟斗的高贵诸神和祭司、君王，这些抽烟的神灵、祭司雕塑成为后人追寻美洲烟草辉煌和发展历史的重要证据。

在美洲古医学文化中，烟草也占据着一席之地。斯比特人最早使用一种不同寻常的民间烟草治疗方法，他们用烟草治疗脑疾、眼疾或血液病。阿兹特克人还用烟草解蛇毒和蝎毒。玛雅医学典籍《布里斯托》中记载的烟草医药处方可用来治疗牙疼、受寒、肺病、肾病、眼疾等多种疾病。另一部著名的玛雅医学著作《雅卡坦的草药和魔咒》中提到，烟草（特别是其绿叶）能治疗多种疾病，诸如乏力、骨头疼痛、蛇伤、腹痛、心悸、持续发寒、抽搐、失声、眼痛。这些证据表明，在古代美洲，印第安人对烟草药用价值的认识，尤其是使用烟草医治疾病范围的掌握、治疗效果的经验积累已经达到了较高的水平。

随着美洲各部落之间经济、文化、贸易和军事活动的开展，烟草与宗教的联结、广泛而有效的临床医疗实践以及烟草缓解精神压力的作用和致瘾性特征，让尤卡坦半岛的烟草文化和吸食习惯在美洲各地蔓延开来。可以说，尤卡坦半岛是全世界雪茄烟的原产地。

▼ 墨西哥恰帕斯州帕伦克城的十字架神庙

第二节
15世纪末至16世纪葡萄牙、西班牙三大条约对美洲雪茄烟传播路径的影响

一、《阿尔卡索瓦斯条约》对15世纪末美洲雪茄烟发现的影响

1385年，葡萄牙国王若昂一世在国内取得决定性的胜利，也正式拉开了葡萄牙海洋扩张的历史。在托勒密《地理学指南》的指导下，葡萄牙对西非海岸持续不断地进行探索。1454年，教皇尼古拉斯五世特准葡萄牙垄断非洲西部的所有贸易航线，这意味着如果通向印度以及亚洲其他地区的航线真实存在，葡萄牙人将垄断这条航线。到1474年，葡萄牙的势力范围已拓展到了今天的几内亚一带。

1474年，因为国王继承权问题，葡萄牙与西班牙之间爆发了战争，战火随即蔓延到大西洋，西班牙的卡斯蒂利亚人派遣舰队掠夺非洲西海岸，进一步加剧了两国之间的紧张氛围。1479年，在罗马教皇斡旋之下，两国签订了《阿尔卡索瓦斯条约》（Treaty of Alcáçovas），1481年得到教皇批准。条约规定，整个世界以加那利群岛所在的北纬28°线（右图中的黑色横线）为界分为南北两个部分，北部由西班牙开发，南部由葡萄牙开发，分界线南北的航海发现与贸易权利分别归属于西班牙和葡萄牙。

《阿尔卡索瓦斯条约》的签署意味着，西班牙最愿意投入资源进行探索的路线就是沿着北纬28°线向西拓展。这一制约也给了西班牙最先在古巴岛发现雪茄烟的契机和足够的动力。

二、《托尔德西里亚斯条约》《萨拉戈萨条约》对美洲雪茄烟传播路径的影响

1491年7月，西班牙在取得格拉纳达战役的决定性胜利后，任命哥伦布负责执行北大西洋探索的西路计划。1492年8月，哥伦布在西班牙王室、热那亚银行家和商人的支持下，率领120人正式起航前往印度。10月27日傍晚，地平线上出现了胡安纳（古巴）的奥连特山，哥伦布派遣路易斯·托雷斯（Luis de Torres）和罗德里戈·德·谢

▼《阿尔卡索瓦斯条约》分割线，上半部分为西班牙权利范围，下半部分为葡萄牙权利范围

雷斯（Rodrigo de Xeres）前去打探消息，并在航海日志中留下了这样的记载："昨天晚上，两名被派往内地探听消息的人回来报告说……他们在归途中时常看见男女从村里穿过，手中拿着柴棒，用柴棒的一头点燃一种草，不时抽吸柴棒的另一端，并吐出吸入的烟。"

陪同船队前往的皇家传教士巴托洛姆·德·拉斯·卡萨斯（Bartolome de Las Casas）也在回忆录中写道："探险家们在途中遇到了一些印第安人，有男有女，他们在自己面前燃起一堆小火，火苗在这种植物的叶子上闪着光芒；压碎的烟叶被卷进另一片更大的干叶里，形状就像孩子们在圣灵降临节玩耍的圆柱形小鞭炮。他们将卷起的烟叶一端点燃，另一端放在嘴里，随着呼吸过程不断地吸入烟叶的烟气，他们全身产生了一种平和的气氛。印第安人认为，这样一来就消除了所有的疲劳。这些鞭炮状的东西，或者当地人所称的多巴哥（tobagos），后来也深受殖民者们的喜爱。"

对旧大陆的未来烟民来说，这是一个值得铭记的日子，因为这是旧大陆的人们第一次认识和接触到美洲印第安人广泛使用的烟草，也看到了最早的烟草制品——雪茄。

1493年3月，首航美洲的哥伦布船队返回了西班牙。随后，在意大利和西班牙私人投资者以及国王的资助下，哥伦布带领西班牙人掀起了美洲开发热潮（1495年西班牙王室解除了哥伦布对新发现土地的垄断权）。欧洲殖民者涌入新大陆，在与印第安人的相处过程中，也养成了消费烟

▼ 哥伦布登陆美洲

草的习惯，并将它带回了欧洲。

针对西班牙的美洲新发现，葡萄牙认为《阿尔卡索瓦斯条约》赋予自己的权利受到了侵犯，战争一触即发。在教皇的协调下，1494年葡萄牙和西班牙签署了《托尔德西里亚斯条约》（Treaty of Tordesillas），划分了两国在大西洋的势力范围，即西经46°线（佛得角以西370里格的子午线，史称"教皇子午线"，下页上图左侧红线）以东的航海发现和贸易权利归属于葡萄牙。1521年麦哲伦船队实现环球旅行后（麦哲伦本人于1521年在械斗中死于今天菲律宾的马克坦岛），面对太平洋区域势力范围划分出现的争议，在教皇主持下，1529年两国签署了《萨拉戈萨条约》[Treaty of Zaragoza（Saragossa）]，划定东经144°（也称《萨拉戈萨条约》分割线，下页上图右侧红线）以西区域属于葡萄牙。至此，葡萄牙的海上独占贸易权利范围涵盖了南美洲东南部、非洲、印度洋、亚洲。

在两个条约的约束下，西班牙只得把海上航行和对外贸易主要资源投入中美洲和北美洲地区，同时丧失了将美洲雪茄烟传播到亚洲的机会。即使1554年在菲律宾建立了第一个亚洲殖民地（此时，葡萄牙在此地殖民已近60年），西班牙的影响力也较弱。直至1596年西班牙帝国政府破产，它的军事影响力也没有触及中国海岸，对中国的商业影响非常微弱。

1492—1596年长达100年的贸易垄断权利，让西班牙依托中美洲、北美洲两地的烟草种植，与欧洲各国之间开展了广泛

▼ 哥伦布三次美洲之行航迹示意图

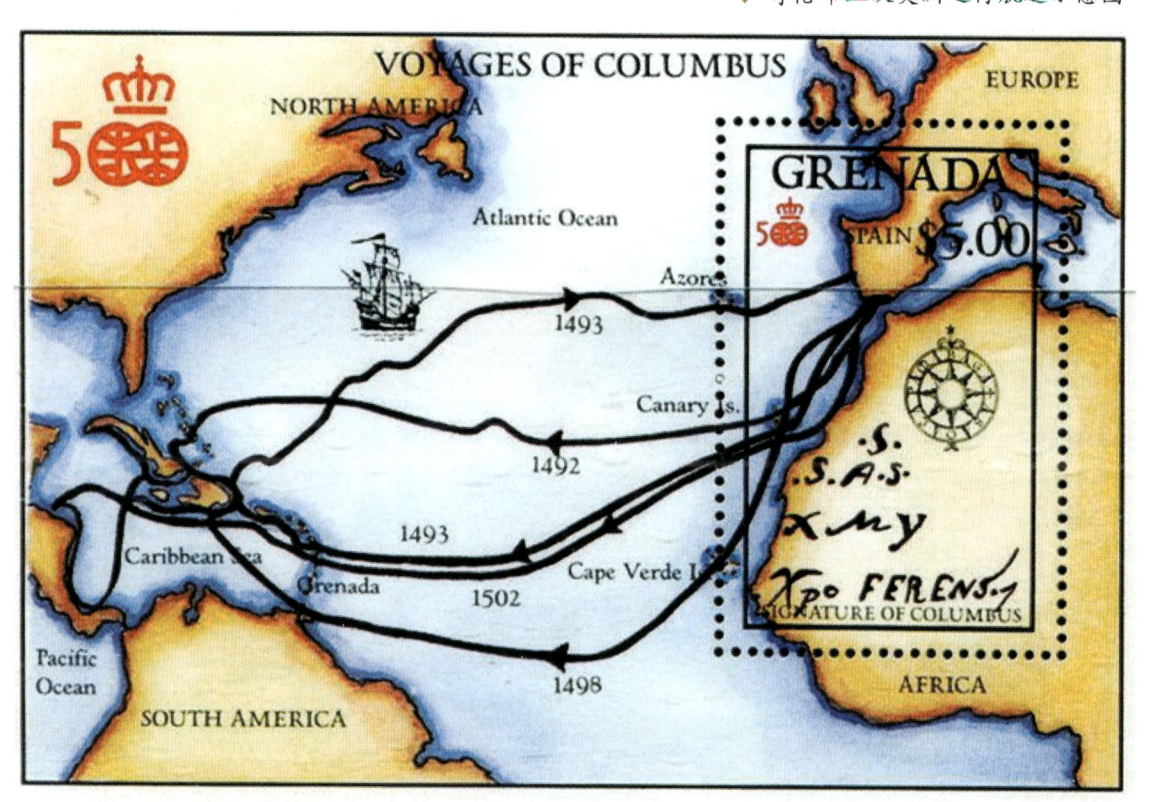

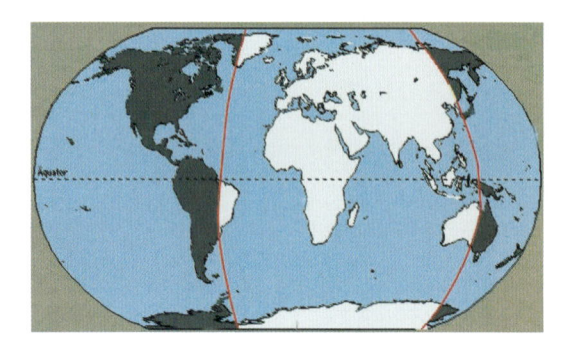

白色区域为《托尔德西里亚斯条约》《萨拉戈萨条约》确定的葡萄牙航海贸易垄断权利范围

的烟草贸易，形成了一套完整的基于美洲优质晾烟的烟草制品话语、叙事体系，奠定了美洲雪茄烟在欧洲的声誉。此后，随着欧美工业文明、文化的强势输出，全球各地形成了尊崇欧美生活方式的风潮，且影响至今，欧美地区形成的中美洲晾烟文化也同时传播到世界各地，尤其是在雪茄制造领域为晾烟营造了近乎垄断性的话语权。

与西班牙相反，通过两个条约，葡萄牙赢得了在南美洲东南部、非洲、印度洋、亚洲进行航海和贸易的垄断权利，同时也赢得了将流行于美洲巴西海岸的雪茄烟传播到亚洲的契机。与远东地区香料贸易带来的丰厚利润相比，葡萄牙没有任何商业动机将东方地区种植的雪茄烟运回欧洲，因此非洲、印度洋、亚洲地区的雪茄烟对欧美地区影响很小。在全方位竞相追逐、模仿、学习欧美文明的氛围中，文化话语权的旁落让亚洲和中国进一步远离世界雪茄话语权。

由此可见，两个条约的签署，意味着葡萄牙获得了将美洲雪茄烟率先传播到非洲、印度洋和亚洲的机会。

▼ 葡萄牙和西班牙签署《托尔德西里亚斯条约》

第三节
16 世纪至 17 世纪初美洲雪茄烟传入中国（什邡）的路径溯源

一、16 世纪初美洲雪茄烟传入中国福建漳泉的路径溯源

面对西班牙探索和开发"印度"的热潮，葡萄牙国王曼努埃尔一世决定重启搁置已久的东方探索事业，一些深度参与西班牙美洲发现的意大利商人、银行家也积极介入，协助葡萄牙王室招募参加过美洲开发的水手、舰队官员、书记官、领航员。

1497 年 7 月，曼努埃尔一世授权瓦斯科·达·伽马（Vasco da Gama，1460—1524）担任舰队指挥官，率领 4 艘舰船以及 170 名船员前往印度，次年 5 月抵达印度，10 月从印度返航，1499 年 7 月返回里斯本。这是一次史诗般的远航，耗时两年，航程 2.4 万英里。它促进了世界连通以及欧洲国家的崛起，但也让葡萄牙人付出了沉重的代价，有三分之二的船员死亡，不少人死于极度痛苦的坏血病（两次经历 93 天的海上航行）。部分此前参与过西班牙美洲开发活动，习惯吸食烟草并掌握烟草医疗效果的船员必然会带上烟草，以缓解压力、痛

▼ 达·伽马觐见印度卡利卡特统治者扎莫林

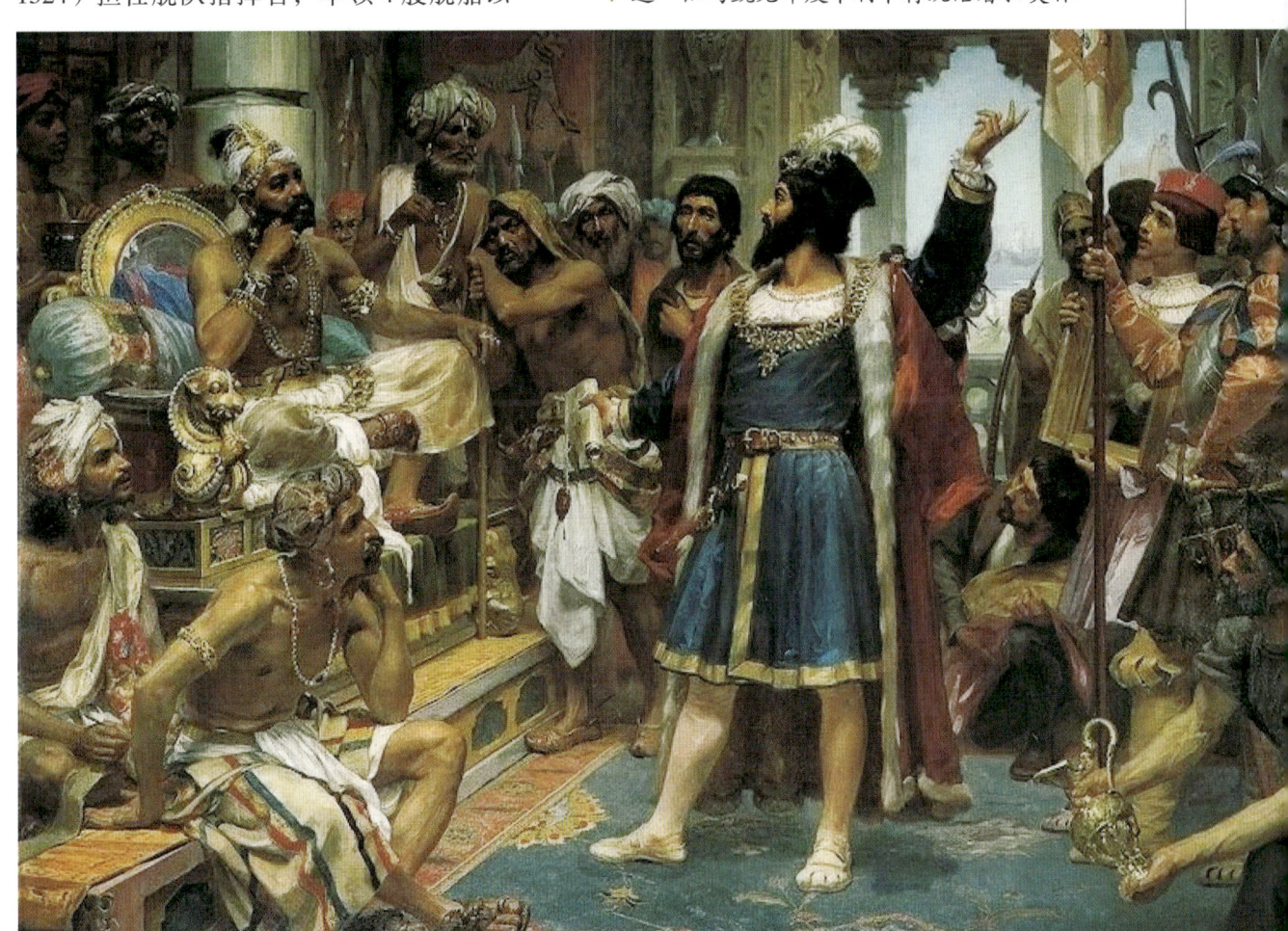

苦和治疗疾病。

达·伽马首次远航印度的经历表明，葡萄牙要想获得对于印度洋当权者的至高无上的权力，不能仅仅依靠经济和宗教，还必须借助军事力量。1500年3月，卡布拉尔率领舰队从里斯本出发，搭载了1200—1500人，包括水手、士兵、商人、木匠等，准备在印度建立稳固的军事贸易基地。舰队在佛得角群岛的圣尼古拉岛采用达·伽马1497年远航时向西绕圈，然后利用领航员和船长们的经验折返往东的行进策略，4月25日，在西向绕行时发现了巴西海岸港口。卡布拉尔将其命名为塞古罗港（Porto Seguro），舰队在此停留休整，补充物资后出发前往印度。

此后，塞古罗港因其丰富的染料木资源迅速获得开发建设，成为远征印度舰队的常态化补给休整基地。舰队在此补充美洲盛产的烟草、玉米、番薯等货物与食物，用于在南非斯瓦希里海岸、印度各地开展贸易和军事征服等活动所需。为了满足殖民者们的长期生活需要，葡萄牙也在占领地积极推动美洲农作物的种植。作为质轻而价昂的长途贸易商品，烟草在这一时期也被引入印度。全印农民协会联合会（The Federation of All India Farmer Associations, FAIFA）的研究表明，一支葡萄牙舰队在造访巴西之后于1508年把烟草种植引入了印度果阿，烟草是首批在印度实现规模化种植的美洲农作物之一。

1510年，葡萄牙人在彻底征服印度果

▼ 葡萄牙殖民者登陆南美洲

阿后，相继在印度洋、波斯湾、孟加拉湾、马六甲以及菲律宾群岛、中国等地开展了贸易和军事冒险活动，来自巴西海岸的美洲雪茄烟也开始了以印度马拉巴尔海岸为中心的亚洲传播进程。从烟草传播速度看，无疑是中国传统贸易通道海上丝绸之路最为快捷。根据葡萄牙人在这条古商路上的活动轨迹，可以大致梳理出美洲雪茄烟到中国海岸的传播路径：

1511年7月，葡萄牙人阿尔布开克率领舰队抵达马六甲，8月中旬彻底将其征服，1511年底留下300名士兵和8艘舰船驻守此地，并在菲律宾商人协助下着手开展同菲律宾群岛和中国的贸易。

1514年，葡萄牙人乔治·阿尔瓦雷斯登陆广州屯门。1516年4月，费尔南·佩雷斯·安德拉德及其随行人员奉葡萄牙国王之命，离开科钦前往中国。他们先前往帕塞（Pasai，位于今天的马尼拉）装载胡椒和其他商品，这里已成为葡萄牙开展对中国贸易的商品补给之地（因货物焚毁，中国之行被推迟到次年）。

1517年6月，安德拉德率领武装商船舰队护航葡萄牙特使多默·皮列士正式出使中国，8月抵达广东屯门。他们还安排船长乔治·马斯卡伦阿斯率领一艘商船前往福建泉州。

1522年，因明武宗事件，广州执行海禁政策，彻底关闭一切对外贸易，葡萄牙人随后辗转抵达福建地区，并将漳泉建成对中国贸易的中心枢纽，开办商行，建立

▼ 大航海时代欧洲各国的海洋冒险与全球争霸

仓库。在葡萄牙人影响下，1526年左右，福建漳泉地区开始了美洲雪茄烟本土化规模种植。

由此可以看出，葡萄牙人凭借《托尔德西里亚斯条约》和《萨拉戈萨条约》获得的航海贸易权，1500年发现巴西，随后塞古罗港成为远征印度洋舰队的休整和货物补给地。1508年，葡萄牙人将烟草种子从塞古罗港带到印度果阿，开始本土化规模种植；1511年征服马六甲，随着同菲律宾群岛和中国海上贸易的深入，葡萄牙人又在1515年、1526年左右，将美洲雪茄烟带到菲律宾、中国福建漳泉进行本土化规模种植，以保证常驻人员自身消费和贸易需求。

二、美洲雪茄烟从福建漳泉传播到四川什邡的路径溯源

关于美洲雪茄烟何时传入四川，最早的文字记载见于清嘉庆十七年（1812年）什邡知县纪大奎主编的《什邡县志》中，第五十一卷"物产志"的"草之属"部分载有"淡芭菰（即烟草）"。广为流传的一种说法是四川的烟草种植始于清朝初年的川陕大移民时期（1660—1750年），但根据考古发掘出土的烟用器具推算，烟草可能早在16世纪末或17世纪初就传入了四川盆地，其中最具说服力的就是张献忠江口沉银遗址发掘出土的文物——金烟斗。

相传1646年清军入川，张献忠带着历年所抢的千船金银财宝率部向川西突围。但转移途中猝遇明将杨展所部，运宝船队大败，千船金银沉入江底，张献忠只带少数亲军突围。

2016年12月26日—2020年4月29日，四川博物馆对江口沉银遗址先后进行了五轮发掘，发现不少用于抽吸雪茄的烟杆（这种雪茄由晒烟卷制而成，没有最外层的茄衣，与哥伦布所见印第安人手中的烟草棒相似，也被形象地称为叶子烟，意为烟叶卷制的烟），还有一支颜色发黑的短小烟袋（主要用于抽吸旱烟丝），由一小截烟杆和一只烟嘴组成。除普通烟杆、烟袋外，文物中还有一枚金烟斗，长5.55厘米，重8.82克。江口沉银发生于1646年，烟杆、烟袋、金烟斗的出土，说明当时大西军中抽雪茄烟和旱烟丝之风盛行，也从侧面证明，早在16世纪末，四川盆地就开始了雪茄烟的规模种植。

"什邡县山出好茶，杨氏为大姓，美田，有盐井"（《华阳国志》），自然资源丰富，背靠金牛古道，自古以来商业氛围浓厚。系统梳理福建漳泉与四川什邡之间的古商路，可以推测雪茄烟引入什邡的路径主要有两条：

第一条线路：从福建漳泉（1526年左右）出发，沿海上丝绸之路北线经福州到宁波（1530年左右），转京杭运河到淮安，沿古黄河商路经徐州、商丘、开封到西安，再经金牛古道抵达什邡，在1600年左右开始尝试规模种植。

第二条线路：从宁波（1530年左右）出发转京杭运河到镇江，沿长江商路，经南京、岳阳、武汉、宜昌到万州，从万州出发沿川盐古商路到重庆，再经合川、成都到什邡，在1600年左右开始尝试规模

种植。

以上两条线路都是漳泉与什邡商业联系紧密，人流量、贸易量比较大的古商路，从商业便捷程度、贸易流通量看，我们更倾向于雪茄烟经长江商路抵达重庆后经合川到达四川什邡。

可以看出，雪茄烟在整个世界的发展传播脉络是：

3000年前，中美洲尤卡坦半岛培育出烟草，在15世纪前遍及美洲大陆，并在北美洲形成了主要抽吸斗烟、中美洲和南美洲主要抽吸雪茄的烟草消费习惯，尤卡坦半岛是世界雪茄烟共同的原产地。

1492年哥伦布率领西班牙舰队抵达古巴，发现了雪茄烟，受限于1494年签署的《托尔德西里亚斯条约》以及1529年签署的《萨拉戈萨条约》，源于尤卡坦半岛的雪茄烟花开两朵，分成两条线路开启了离开美洲后的世界传播之旅：

一条是在15世纪末、16世纪初西班牙的航海与贸易权利范围内，从中美洲的古巴传播到西班牙本土，进而传遍欧洲大陆。

另一条是在16世纪上半叶葡萄牙的航海与贸易权利范围内，从南美洲巴西海岸的塞古罗港出发，1508年在印度果阿实现规模种植，随后于1515年、1526年以及1600年左右分别在菲律宾群岛、中国福建漳泉和四川什邡实现规模种植。

美洲雪茄烟传入中国（什邡）最合理、最科学的路径溯源是：中国什邡（1600年左右）—中国漳泉（1526年左右）—菲律宾群岛（1515年左右）—马六甲（1511年左右）—印度果阿（1508年）—巴西塞古罗港（1500年葡萄牙发现此港）—尤卡坦半岛（3000年前培育出烟草）。

参考文献

[1]Definition of cigar[EB/OL]. Cigar | Definition, History, Size, & Color Classification | Britannica.
[2]吴晗.谈烟草[J].中国烟草，1979（1）.
[3]特伦斯·M.汉弗莱.美洲史[M].北京：民主与建设出版社，2004：60.
[4]吉尔曼等.吸烟史[M].北京：九州出版社，2008：2—10.
[5]Treaty of Alcáçovas[EB/OL]. Treaty of Alcáçovas | Portugal [1479] | Britannica.
[6]克里斯托瓦尔·哥伦布.航海日记[M].北京：译林出版社，2016：60—65.
[7]Ferenc Levárdy. Our Pipe-Smoking Forebears.
[8]Treaty of Tordesillas[EB/OL]. Treaty of Tordesillas | Summary, Definition, Map, & Facts | Britannica.
[9]Treaty of Zaragoza（Saragossa）[EB/OL]. Treaty of Saragossa | Spain-Portugal [1529] | Britannica.
[10]Pero Vaz de Carminha. The Letter of Pero Vaz de Carminha to El-Rei Dom Manuel of Portugal Concerning the Discovery of Brazil[M]. Timthy Plant，2020：1-85.
[11]FAIFA. History of Tobacco Cultivation in India[EB/OL]. https://www.protectourlivelihood.in/tobcropsacco/history-of-tobacco-cultivation-in-india/.
[12]白远良.中国烟草发展历史重建——中国烟草传播与中式烟斗文化[M].北京：华夏出版社，2022：42—154.

延伸阅读一

西班牙与新世界——1492—1596 年

15世纪，虽然在西非沿岸从事探索的主角是葡萄牙人，但这并不意味着卡斯蒂利亚人对西非海岸毫无兴趣，相反，他们还占领了非洲西北方的加那利群岛。在罗马教皇调停下签署的《阿尔卡索瓦斯条约》中，葡萄牙也不得不承认西班牙对加那利群岛的侵占，以换取西班牙承认葡萄牙对亚速尔群岛（葡萄牙西部大西洋）、佛得角群岛（西非）和马德拉群岛（加那利群岛北部）的占有。

征服格拉纳达后，卡斯蒂利亚第一次将主要资源和精力集中在海外探索上。1492年，哥伦布在伊莎贝拉女王的支持下登陆西印度群岛，在接下来的半个世纪，西班牙人通过征服中美洲和北美洲大陆，成为海上帝国。对于西班牙殖民开拓美洲，葡萄牙人从一开始就提出了异议，最后西班牙从教皇亚历山大六世那里获得了一系列的支持，与葡萄牙签订了《托德西利亚斯条约》（1494年），解决了它们对势力范围主张的分歧。条约规定，佛得角群岛以西三百七十里格处子午线（一里格约三海里多一点）西边的一切归西班牙所有，东边的一切归葡萄牙。这条子午线也称教皇子午线，它奠定了16世纪西班牙的势力范围，即它的贸易（包括美洲雪茄烟贸易）和航海权利范围基本被限制在了中美洲、北美洲与欧洲之间。

西班牙的大西洋贸易

西班牙国王认为，所有与殖民地的贸易都应该通过塞维利亚的卡斯蒂利亚人进行，理由是海洋帝国依靠卡斯蒂利亚人的金钱和鲜血才得以建立。这种贸易受到塞维利亚的商业控制局 [Casa de Contratación（1503）] 或商行的严格监管，这座城市迅速成为欧洲最大的贸易中心之一，其人口从1517年的25000人增加到1594年的90000人。然而，面对殖民者膨胀的需求，卡斯蒂利亚人并没有认真组织工业生产，而是简单地用从殖民地获得的纯金和白银来购买，导致本国物价飞涨。1548年民众被迫向国王请愿，要求禁止向西印度出口产品。政府没有接受这一请求，但为了平抑物价，不得不从意大利和荷兰进口殖民者所需的大部分物品。卡斯蒂利亚人对美洲贸易的垄断实际上给了欧洲其他国家与非卡斯蒂利亚人在平等条件下竞争美洲贸易的机会，导致西班牙大西洋贸易的组织和资金主要掌握在热那亚人和德国南部商人手中。

从1540年代开始，一种用汞从矿石中提取银的新方法被发现，银矿开采成为墨西哥和秘鲁的主要产业，输出的白银迅速增加，很快就超过了输出黄金的价值。贵金属从西印度群岛出口到西班牙，其中五分之一归属国王，用于购买进口贸易权。根据商业控制局的记录（不包括走私的未知数量），每年从西印度群岛进口的平均货值从1526—1530年的100万比索迅速上升到1541—1554年的500万比索，1591—1595年间达到3500多万比索的峰值。

塞维利亚和新大陆之间的整体贸易增长也遵循类似的模式，1550年之前一直在增长，随后是缓慢的调整，在16世纪最后十年再次达到峰值。早在大量进口美洲白银之前，西班牙向欧洲其他地区采购商品，尤其是农产品的价格就已经开始上涨。毫无疑问，大量输入的美洲白银很少被西班牙人投资于经济生产，也极大地加剧了16世纪下半叶西班牙的通货膨胀。这些来自美洲的财富大部分用于宫廷和统治集团的开支，购买进口商品、保障海外的军队所需，以及满足德国、意大利和荷兰债权人。因此，西班牙虽然拥有新大陆的所有宝藏，但仍然是一个贫穷的国家，其主要贸易集中在大西洋与欧洲之间，对其他地区的力量投放，尤其是非洲和亚洲的力量投放不仅远晚于葡萄牙，在力度上也远不及同时期的葡萄牙。

延伸阅读二

1415—1600年葡萄牙的海洋扩张与征服亚洲活动

1415年征服北非休达后，葡萄牙又确立了一个宏伟的国家目标，即：找到通往印度和香料群岛的贸易道路，并在更广泛的未知世界传播基督教。

在亨利王子的支持下，葡萄牙于1419年发现了马德拉岛本岛，并建立了丰沙尔殖民地，它后来成为马德拉岛首府；1427年，发现大西洋中的亚速尔群岛；1434年，绕过撒哈拉北岸的博哈多尔角（Cape Bojador），正式开启大航海时代，这是亨利王子最伟大的成就之一。

1435年，葡萄牙人抵达加内特湾，1441年抵达怀特角（Cape White）；1443年，阿方索五世发布诏令，授予亨利王子博哈多尔角以外的非洲海岸航海、贸易、征服的垄断权和货物抽税权。1446年，特里斯唐抵达今天的几内亚比绍。1448—1456年，在阿尔金角建立了一座有城堡护卫的商站，这也是葡萄牙在海外建立的第一个要塞，通过它控制了苏丹和几内亚贸易：用小麦、布匹、黄铜制品和马换取从摩洛哥转运来的奴隶、黄金、象牙。这一模式后来成为葡萄牙在世界海岸线上一系列商站、居留地和要塞建设的样板。1456年，发现佛得角群岛。但从1460年航海家亨利王子去世到1481年阿方索五世去世，葡萄牙因与西班牙的权力斗争失去了继续推动西非海岸探索的动力，西非事业陷入低潮，只有零星的私人探险活动。

1481年，若昂二世登基；1483年，葡萄牙航海家迪奥戈·卡奥（Diogo Cao, 1450—？）抵达安哥拉洛伯角（Cape Lobo），1484年抵达纳米比亚的克罗斯角（Cape Cross,

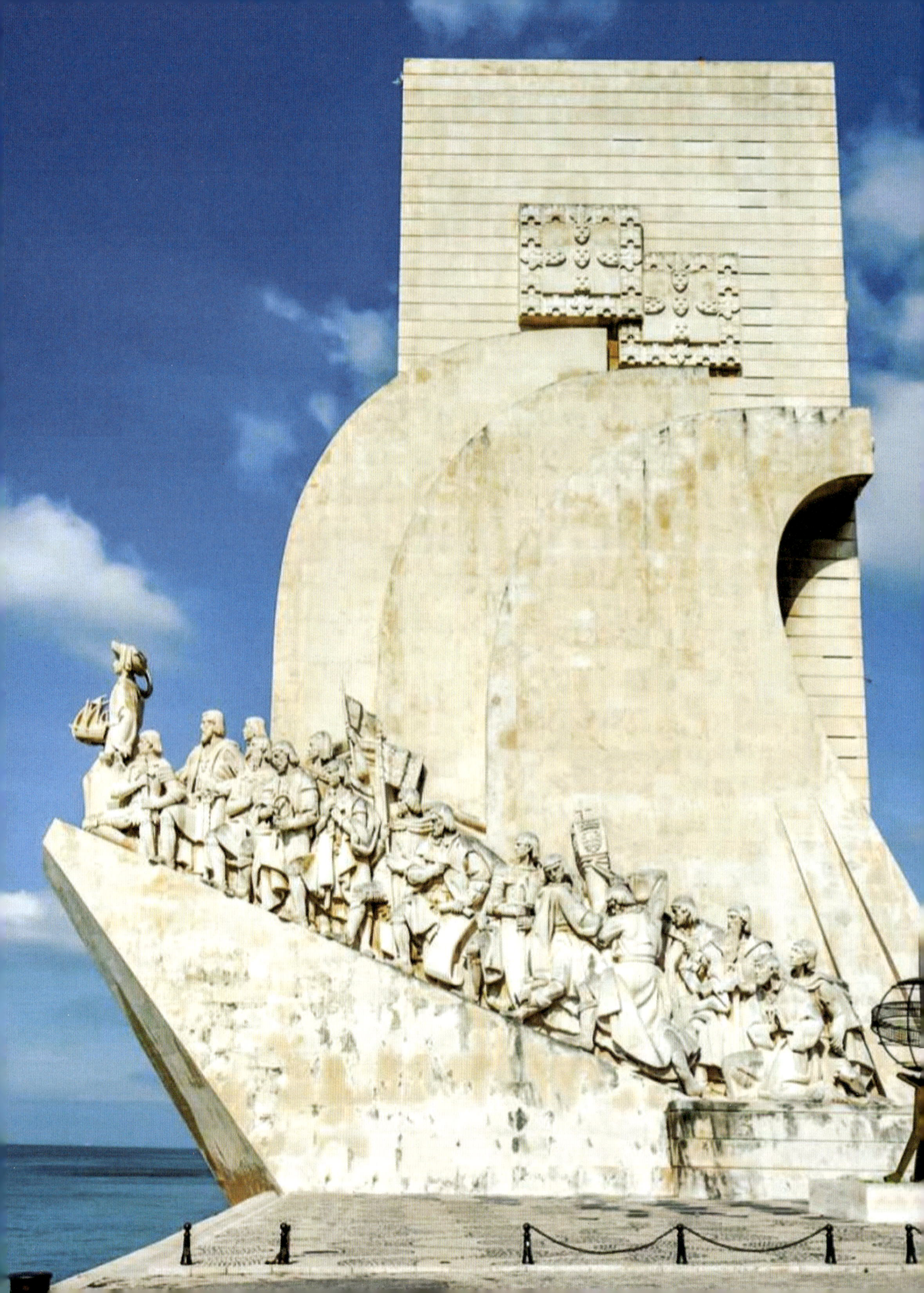

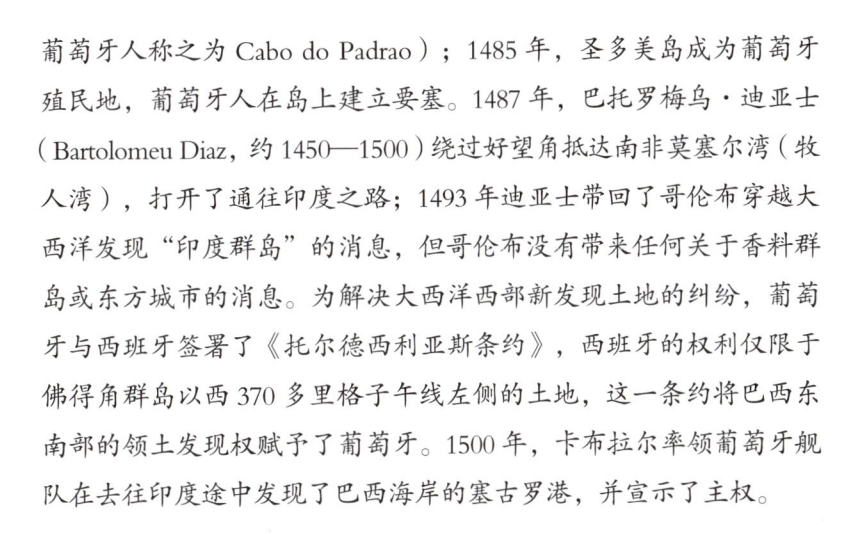

葡萄牙人称之为 Cabo do Padrao）；1485 年，圣多美岛成为葡萄牙殖民地，葡萄牙人在岛上建立要塞。1487 年，巴托罗梅乌·迪亚士（Bartolomeu Diaz，约 1450—1500）绕过好望角抵达南非莫塞尔湾（牧人湾），打开了通往印度之路；1493 年迪亚士带回了哥伦布穿越大西洋发现"印度群岛"的消息，但哥伦布没有带来任何关于香料群岛或东方城市的消息。为解决大西洋西部新发现土地的纠纷，葡萄牙与西班牙签署了《托尔德西利亚斯条约》，西班牙的权利仅限于佛得角群岛以西 370 多里格子午线左侧的土地，这一条约将巴西东南部的领土发现权赋予了葡萄牙。1500 年，卡布拉尔率领葡萄牙舰队在去往印度途中发现了巴西海岸的塞古罗港，并宣示了主权。

控制印度洋、太平洋海上贸易

　　1505 年，阿尔梅达（Francisco de Almeida）以印度总督的身份抵达科钦。1508 年，一支来自葡萄牙的舰队从巴西海岸把雪茄烟带到了印度果阿。1509 年，葡萄牙击败第乌岛附近的穆斯林海军，东方财富的主要来源——海上贸易得到了保证。阿尔梅达的继任者阿尔布开克相继征服了果阿（1510 年）、马六甲（1511 年），并将前者作为葡属印度的首府；1512 年、1514 年向摩鹿加群岛派遣两支探险队。1517 年 8 月，佩雷斯·德·安德拉德抵达中国广州屯门；1521 年明武宗事件后，葡萄牙将对中国的贸易中心转移到福建漳泉，并获准上岸建立商栈、货仓，1526 年左右美洲雪茄烟开始在此进行规模种植；1542 年，葡萄牙商人获准在宁波定居；1557 年，建立了澳门殖民地。

　　阿尔布开克提出的要塞（贸易站）体系，使葡萄牙在欧洲与东方的贸易中占据了近一个世纪的垄断统治地位。果阿成为它在印度西部的主要港口，霍尔木兹海峡则控制着波斯湾的贸易，马六甲海峡成为从印度洋到南中国海的贸易门户，一系列设防的贸易站确保了东非海岸、海湾地区以及印度和锡兰（斯里兰卡）海岸的安全。在更远的东方，从孟加拉到中国，在当地统治者的同意下，通过建立防御工事较少的定居点，葡萄牙人将香料群岛的贸易牢牢控制在手中。尽管在此期间，葡萄牙军队有胜利也有失败，但他们对东方贸易的控制力度很大，直到 17 世纪（1601 年在锡兰），荷兰人的彻底胜利才有效地摧毁了葡萄牙的垄断。

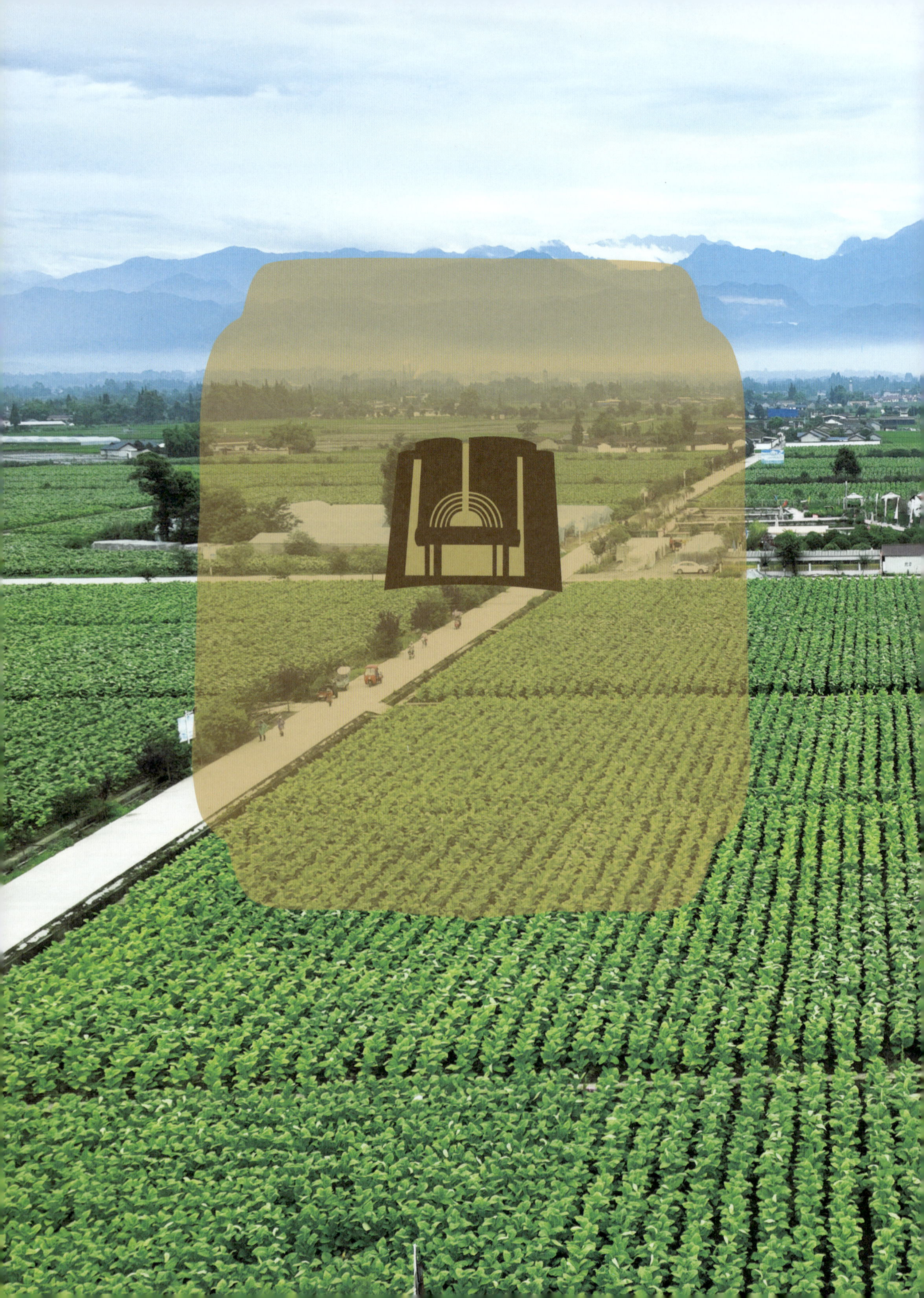

第二章

中国晒晾烟雪茄烟叶原料叙事体系构建

——四川什邡出产世界顶级晒烟的主要因素

雪茄是烟叶卷制的农产品，雪茄产业界对于其品质存在一个共识，即"七分原料、三分工艺"。遵循中国雪茄传统制作技艺，建立独属的国产烟叶原料话语、叙事体系，开辟新赛道、构建新品类，是打造具有世界影响力中国雪茄品牌的基础，也是实现与晾烟型雪茄（代表品牌有古巴、尼加拉瓜等中美洲雪茄）错道竞跑、建立国际领先优势的前提条件。本章将围绕三个环节构建较完整的什邡出产世界顶级晒烟原料的叙事体系、话语体系：一是围绕什邡烟叶种植区地质变迁形成的土壤特性等，论述此地具有得天独厚的种植世界顶级烟叶的地理环境；二是围绕调制季节日最高温度、温差、风速、湿度、阴晴雨天气配比等，论述什邡具有出产世界顶级优质晒烟的气候环境；三是围绕毛柳晒烟的品种类型与特性，论述什邡具有出产世界顶级烟叶的种源优势。

第一节
地质变迁造就了得天独厚的烟叶种植地理环境

> 地质变迁为什邡地区带来了独特的肥沃紫色油砂土壤、充沛的雨水、富足的光热、优越的土壤保湿性，集齐了优质烟叶生长发育所需的自然条件，让这里培育出世界顶级烟叶，成为中国雪茄优质烟叶原料基地。

长期以来，在四川盆地进行烟草种植、加工、商贸的从业人员以及消费者都知道一个事实：什邡地区出产的烟草质量最好，并被运销全国，得到广泛的传颂和追捧。早在1870年代，这一商业信息就被欧美在华烟草商人所熟悉，四川晒烟除了被他们用于制作吕宋烟、哈瓦那雪茄在中国国内销售，还被运回欧美的弗吉利亚、伦敦等地用于生产哈瓦那雪茄、土耳其板烟（当时被认为是世界上最优质的旱烟丝）。

1793年（清乾隆五十八年），在原四川总督福康安建议下，什邡烟叶被朝廷用于接待乔治·马戛尔尼勋爵率领的英国使团，其优异的品质得到了乾隆皇帝的肯定。1799年（嘉庆四年），什邡毛坝（今什邡师古镇大泉坑）、双盛（皇庄）两地出产的顶级烟叶被选作贡烟进献清朝宫廷。1940年左右，什邡出产的手工雪茄占全国雪茄产量的三分之一，其中益川工业社高峰时年产手工雪茄过亿支。新中国成立后，什邡雪茄，尤其是什邡益川烟厂生产的雪茄赢得了贺龙元帅等人的青睐。1958年，响应中央政治局扩大会议关于发展地方工业的号召，在贺龙元帅的提议下，"长城"高端雪茄品牌创立，缔造了中国雪茄产业长达二十年的"132"传奇。2022年，长城牌高端雪茄（零售价格100元/支以上）更是占据了中国高端雪茄67%以上的市场份额。这些成绩都离不开什邡世界顶级雪茄烟叶原料——毛柳晒烟的基础性支撑。

众所周知，世界顶级雪茄烟叶产区必须同时具备三个重要的自然条件：一是肥沃的土壤，肥沃的土壤出产优质烟叶，贫瘠的土壤出产劣质烟叶，这是产业界的共识；二是丰沛的雨水和优异的土壤保湿性，这样才能保证烟叶健康旺长，雨水过少时植株会限制地上部分茎叶生长而促使植株根系发育，雨水过量时土壤持水过多，又会促使植株根系伸向地表，降低吸收土壤养分的能力，都会造成烟叶品质低下；三是富足而适宜的光热，这样才能保障优质烟叶生长发育，过量的光照会让烟叶出现灼热病和"粗筋暴叶"，吃味辛辣，过低的光照又会让烟叶吃味寡淡，温度过低出现冻伤，温度过高又会造成烧根等灾害。同时集齐这些优越的自然条件，需要亿万年的地质演变赋予的得天独厚的馈赠。

什邡位于四川盆地西北部，地跨北纬

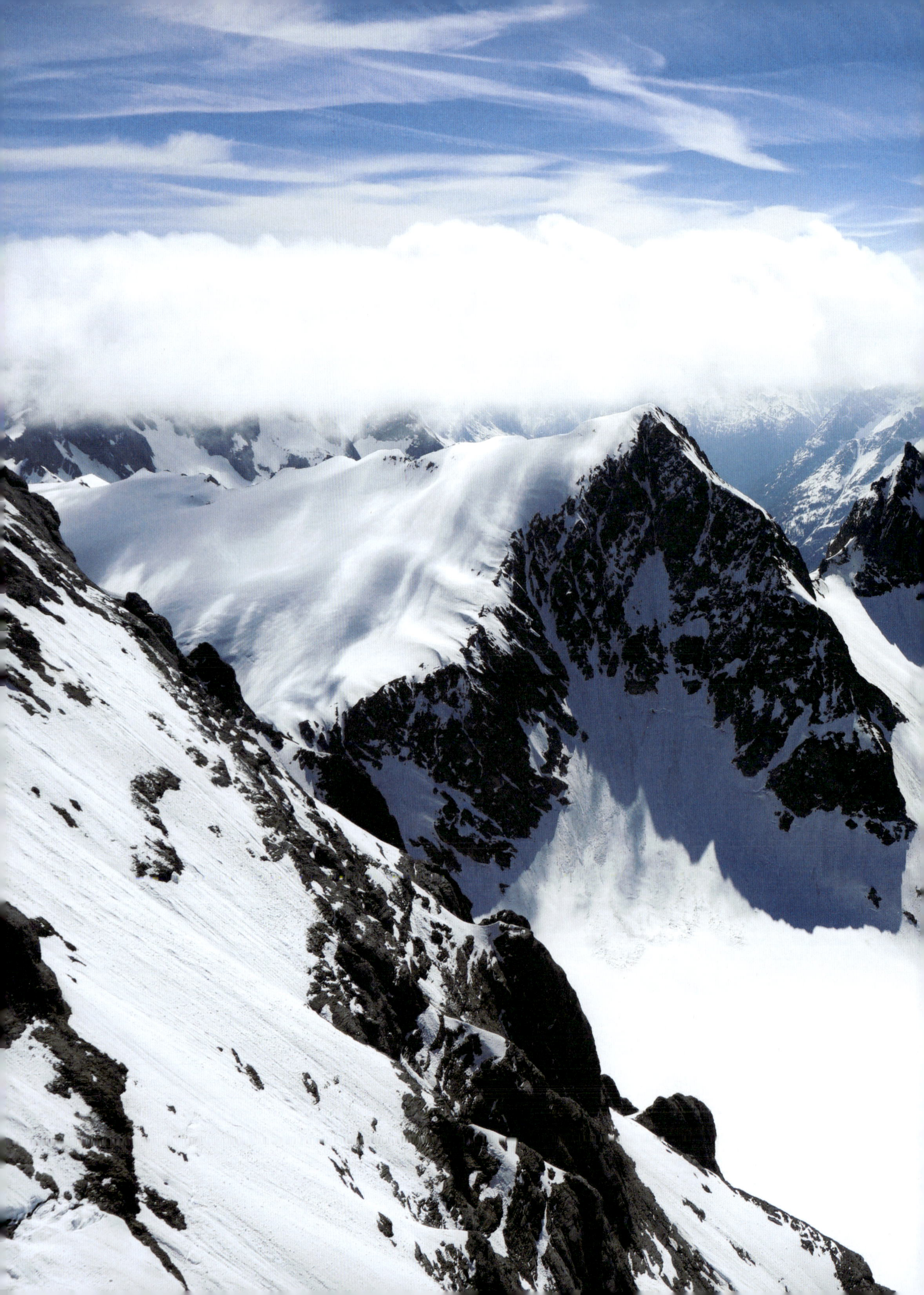

亿万年的地质变迁和龙门山中段独有的泥盆纪沉积，为什邡冲积平原孕育了肥沃的紫色油砂土壤，加上丰沛的雨水和富足的光热，三大自然奇迹组合，为世界顶级雪茄烟叶培育集齐了优越的地质和地理要素，赋予了什邡雪茄始终如一、精致细腻的醇甜口感和卓越不凡的香气品质。

30°线，像一张撕开的半片烟叶镶嵌在龙门山脉和成都平原之间，北以海拔4989米的九顶山为界，东隔石亭江与绵竹相望，西与彭州毗邻，南与广汉接壤，面积821平方公里。什邡拥有雪山、高原、丘陵等地形地貌，平坦、肥沃的山前冲积平原广达365平方公里，最低海拔370米。石亭江、鸭子河、小石河、马牧河纵横全境，大寨渠、人民渠、红岩渠贯穿南北，形成了独具一格的地质、土壤、水文、气象组合，其中双盛、师古两镇沿东北—西南轴线所覆盖的18平方公里区域，是什邡烟叶最核心的种植区。亿万年地质变迁的自然奇迹与美洲烟草联姻，成就了世界顶级的什邡烟叶。

一、地质变迁为中国什邡烟叶种植带来了肥沃的紫色油砂土壤

距今8亿年（震旦纪）至4亿年（早古生代），今天的四川盆地和龙门山山前地区（属上扬子陆台）第一次被海洋覆盖；距今3.6亿年（泥盆纪）至2.8亿年（石炭纪），除古龙门山地槽继续下陷外，其余地区上升为陆地；距今2.7亿年（石炭纪末）至2.5亿年（二叠纪末），四川盆地再次被海洋覆盖，进入海盆期。

距今2.5亿年至1.95亿年（三叠纪），受秦岭海域关闭和环太平洋地质事件影响，四川盆地结束了碳酸盐台地发展阶段，海水彻底从西部退出，进入湖盆时代。

距今2.5亿年至6500万年（中生代）是四川盆地古植物生长的重要时期，当时气候温暖湿润，蕨类、苏铁和裸子植物生长茂盛，恐龙称霸一方。同一时期，龙门山地区和四川盆地开始了岩体冲断，上扬子板块被压弯成为下伏板片，而印支地块成为上覆板片，这一地质构造活跃至今。随着构造累加增厚，新生的古龙门山东部山前形成坳陷，大量的陆源碎屑开始在此堆积，不断增加的负载使其继续下沉，引发旁侧板片下弯，沉积物又向东递进扩展堆积，逐渐形成了龙门山前的箕状沉积盆地。距今约7000万年至6500万年（早白垩世后期），盆地四周山地继续隆起，发育出西部龙门山大断层、东部华蓥山大断层。印度板块与欧亚大陆的最终缝合，让四川盆地结束了湖盆陆相沉积，进入陆盆演化。这一过程在海相碳酸盐岩台地之上发育出厚达4700余

1965年7月13日《人民日报》第二版

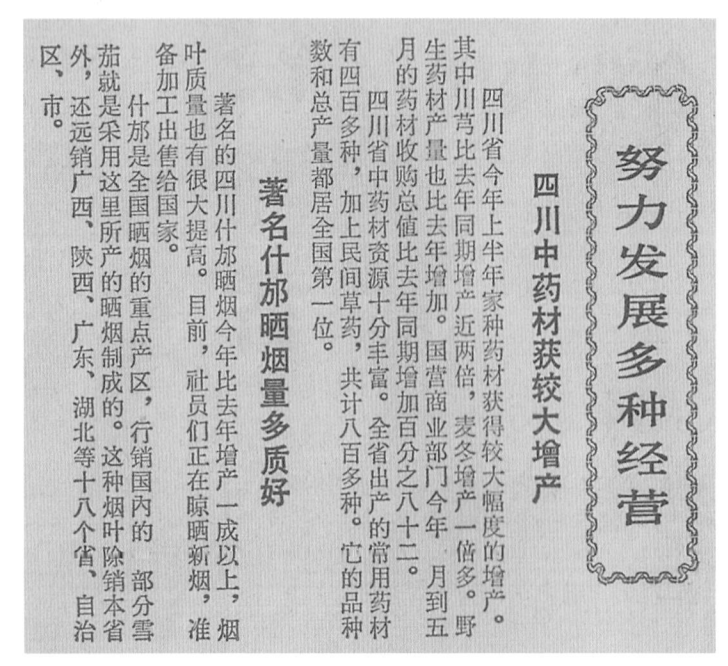

四川中药材获较大增产

四川省今年上半年家种药材获得较大幅度的增产。其中川芎比去年同期增产近两倍，麦冬增产一倍多。野生药材产量也比去年增加。国营商业部门今年一月到五月的药材收购总值比去年同期增加百分之八十二。四川省中药材资源十分丰富，全省出产的常用药材有四百多种，加上民间草药，共计八百多种。它的品种数和总产量都居全国第一位。

著名什邡晒烟量多质好

著名的四川什邡晒烟今年比去年增产一成以上，烟叶质量也很大提高。目前，社员们正在晾晒新烟，准备加工出售给国家。

什邡是全国晒烟的重点产区，行销国内的部分雪茄就是采用这里所产的晒烟制成的。这种烟叶除销本省外，还远销广西、陕西、广东、湖北等十八个省、自治区、市。

努力发展多种经营

米的沉积盆地，在古龙门山前缘出现了冲积扇相砾岩层，为此后地质年代紫色页岩、泥岩、变质岩、砂岩等岩石的发育和陆盆发育提供了物源。

距今6500万年至300万年（第三纪），青藏高原抬升，导致川西地区龙门山冲断带构造更加剧烈，地形再次骤然升高，龙门山脉与四川盆地形成数千米高差。受构造抬升作用的影响，四川盆地封闭，沉积物变为陆相。古龙门山大量风化、侵蚀、剥蚀的物质继续在山前东侧盆地堆积，形成了数千米厚的红色和紫红色砂岩、泥岩、页岩。同时，堆积物的增加导致蜀湖不断缩小，气候变得干热，裸子植物衰退，恐龙灭绝。内陆湖泊经强烈蒸发，盐分浓度不断增大，形成盐湖，后来被泥沙掩埋封存在800米以下的地层之中。

距今二三百万年的第四纪，盆地西北山地发育了大量冰川。龙门山持续隆升，使四川盆地由封闭的内流盆地变为外流陆盆。伴随冰川消融，大量剥蚀风化物、沉积物经由龙门山、阿坝-甘孜地块发育的河流携带，堆积在四川盆地西部的龙门山东凹陷区，最终发育形成了成都平原。现在，成都平原拥有中国最肥沃的紫色土壤，含有丰富的钙、磷、钾、氮等营养元素。

什邡冲积平原更是得天独厚，它位于龙门山东部迎风坡面和四川盆地西北边缘的冲积扇前沿，分布着中晚太古代（距今25亿年）到第四纪冰川期（距今260万年）各地质时期的岩层冲断和露出，主要有碳酸盐、碎屑岩、闪长岩、锶磷灰石、变质钾细碧角斑岩、钾质酸性火山岩等。广泛存在的剥蚀和侵蚀活动将各个时期的岩石风化，风化物伴随凋零的有机腐殖沉积物源，通过雨季河流首先被输送到浅丘和什邡冲积平原地区，使这里成为成都平原上雪茄生长所需微量元素最为丰富、肥力最好的紫色油砂土壤。

根据实测数据，什邡烟叶核心种植区土壤有如下特点（100克干土）：在表层土壤5—10厘米范围内，有机质平均含量为1.8%—2.1%；在20—25厘米深度，全磷、活性磷平均含量分别为0.12%—0.1231%、20.85—24.05毫克；在40—45厘米土层，全钾含量达到最大值，为0.743%—0.765%，土壤中有机质、氮、磷、钾含量均衡且丰富。在毛氏烟田烟叶种植区，5—10厘米表层干土中，有机质含量为2%，水解氮、活性磷、活性钾含量分别为1.8毫克、30毫克、7.9毫克，土壤综合肥力更为优异。

在什邡烟叶核心种植区，土壤呈微酸性至中性，pH值在6.0—7.0之间，位于烟叶生长最优区间。土壤胶体结构也接近最优，拥有丰富的水合氧化铁、水合氧化铝、水合氧化硅以及大量的蛭石类、水云母类黏性有机胶体，为土壤带来了良好的离子吸附能力，钾离子、铵根离子、钙离子、磷酸根离子等可经根系吸收被烟叶植株大量利用。同时，来自冲积平原和龙门山山区的动植物残体经微生物分解后又在土壤中重新合成大量有机腐殖质胶体物质，主要由碳、氢、氧、氮、磷、钾等营养元素组成，占土壤有机质的80%以上。此外，土壤中无机胶体、腐殖质有机胶体相互作用，在耕作层构成大量特殊的复合胶体，使其集中和保持了大约 80%—90% 的氨、70%—80% 的磷和 70%—90% 的钾，让土壤肥力得以充分发挥。这是地质的奇迹，让中国什邡拥有了世界上最肥沃的紫色砂壤土。

二、地质变迁为中国什邡烟叶种植带来了充沛的雨水

四川盆地深居内陆，位于北纬 26—34°之间，本应是干热少雨的半荒漠气候，但地质构造运动改变了它的命运：北有秦岭（主脊平均海拔 2000—2800 米）、大巴山（平均海拔 2000—2500 米）横亘，西靠青藏高原发育的龙门山脉（平均海拔 2300—3000 米），这些山脉共同构成了阻隔西北冷空气的天然屏障；东部是平均海拔 1500 米以下的巫山山脉，南部是平均海拔 1000 米左右的云贵高原东段。得天独厚的地理位置让四川盆地西南距印度洋、东南距太平洋均为 1200 公里左右。高耸的青藏高原和大巴山将大气环流以及来自海洋的季风暖湿气流截停在此，带来了丰沛的降雨，形成了独特的亚热带季风气候。

春季，蒙古高压减弱并逐渐西撤，南部副热带高压日渐增强，开始对四川盆地产生影响：温度回升，蒸发强，干旱少雨，盆地西北部降雨量不足 65 毫米。

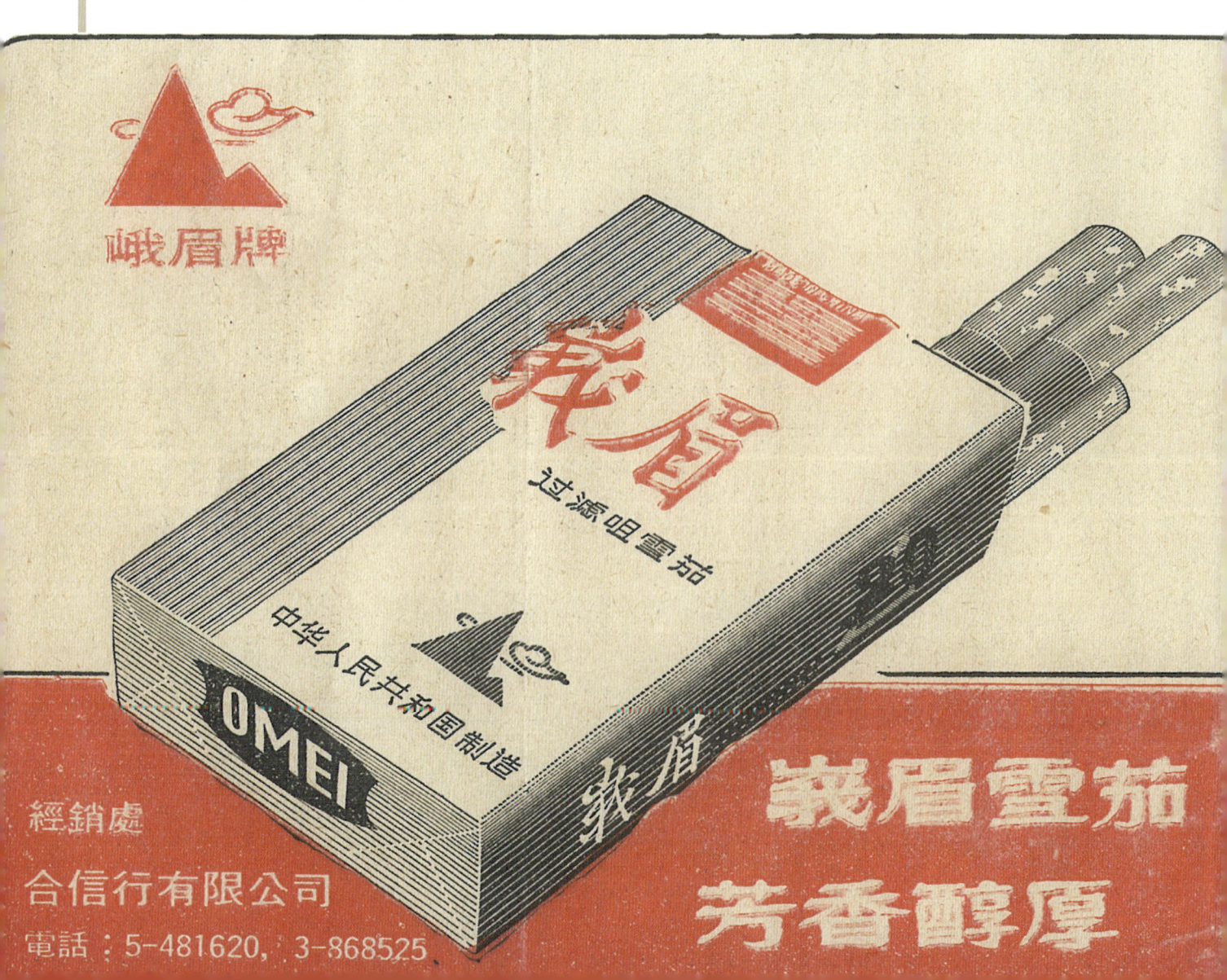

1982年6月21日《四川日报》第二版

夏初5月份,印度洋副热带高压季风跨越低矮的云贵高原东段北上西伸,受盆地西部青藏高原阻挡后向东北偏移,在龙门山高原冷空气作用下引发盆地西北部雷暴、大雨,一直持续到6月中旬。随后而来的太平洋副高携带暖湿气流穿越东部低矮山地进入四川盆地,同北来冷空气交汇形成大量降雨。整个夏季,盆地西北部平均降雨量700—900毫米,局部地区更多。

10月中旬的秋季,东南季风完全撤离,雨季随之结束。盆地西北部秋季降雨量一般在100—200毫米。冬季,四川盆地和全国一样,主要受蒙古高压控制,寒冷少雨,西北部整个冬季降雨量少于25毫米。

整体上看,四川盆地降雨资源丰富,年均降雨量在1000—1300毫米之间,且冬干夏雨,夏半季适宜水稻、烟草等需水量大的作物栽培。降雨量分布上,小春生长季降雨量约100—280毫米,约占全年雨量的12%—24%;大春本季生长期为800—1200毫米,约占全年雨量的76%—88%。通常情况下,大春作物生长早期(4月)降雨偏少,中后期(5、6、7月)降雨偏多,非常有利于大春早期需水量少、中后期需水量大的烟叶种植。烟农们再辅以烟稻轮作,不仅可以提高收益,还能进一步提升烟叶品质。

什邡冲积平原地处龙门山脉最高峰九顶山迎风坡东南侧正面。春夏时节,印度洋西南季风、太平洋东南季风暖湿气流同青藏高原暖高压在此叠加交汇,形成内陆深处罕见的亚热带湿润气候,年均降雨量在1100毫米以上。什邡的丘陵、山地和高原地区迎风坡面年降雨量在1500毫米左右,有时可达1800毫米以上,是四川盆地重要

什邡灌溉烟田的泉水经历了从高原第四纪冰川到山前中晚太古代（距今25亿年）遗存岩层的浸润、淋溶和溶融，饱和的矿化过程让其富含烟叶生长所必需的各种珍稀矿物微量营养元素，烟叶养分的来源和结构更加复杂多样，香气更加丰富，口感更为细腻饱满，吃味更加醇甜浓郁。（谢天宇 摄）

的降雨中心。在季风气候影响下，什邡地区平均降雨量在季节之间分配不均：春季（3—5月）80—170毫米，夏季800—1000毫米，秋季200—320毫米，冬季30毫米左右，日降雨量大于0.1毫米的天数为140—160天左右。与其他地区相比，什邡早春虽有干旱，但春季中后期降雨开始逐渐增多，为春烟种植提供了优越的降雨条件。

除了降雨，什邡还拥有巨量优质泉水资源。从九顶山雪域高原到低山丘陵边缘近20公里的纵深范围内，龙门山迎风坡呈东南向叠瓦式波浪起伏，海拔逐渐降低，雪山、草地、森林、高山、峡谷、河流以及大熊猫、珙桐、银杏等分布其间。早春高山融雪、雨季降雨汇成地表径流，沿叠瓦构造形成的东西向山间河流汇入山前湔江、鸭子河、石亭江等。此外，还有相当一部分雨水通过岩层断裂缝隙、地表土壤、植被等蓄渗，形成地下径流，从而在什邡丘陵、平原地区形成了丰富的泉水资源，泉井散布其间。著名的泉眼有南阳泉、映月泉、路家泉等一百余眼，水量大者一井可灌溉万亩之地。调查显示，什邡行政区内年度地表水资源补充总量为21.2亿立方米，地下水天然资

源年度补充量为5亿立方米。

2006年,中国矿业联合会天然矿泉水专业委员会将首个"中国矿泉水之乡"的称号授予中国什邡,参与考评的各国专家称赞这里的水是世界级"钻石水源"。涌出的泉水经历了从高原第四纪冰川到山前中晚太古代(距今25亿年)遗存岩层的浸润、淋溶和溶融,饱和的矿化过程让其富含烟叶生长所必需的各种珍稀矿物微量营养元素,烟叶养分的来源和结构更加复杂多样,香气更加丰富,口感更为细腻饱满,吃味更加醇甜浓郁。什邡烟叶种植不仅在育苗阶段使用泉水,在移栽还田的三四月份甚至5月上旬也会使用泉水。如果因印度洋西南季风较弱出现春旱,优质的泉水还会被大量引入人工堰渠用于浇灌烟田。

在什邡烟田土壤中,丰富的腐殖酸胶体让砂壤土的黏土疏松,砂土黏结,直径小于0.001毫米的胶体粘粒占比在9.6%—12.2%之间,优越的胶体结构为土壤带来了良好的透气保湿性能,使其具有高度的亲水性;有机质和矿物质胶体复合,形成了什邡砂壤土的高水稳性以及疏松多孔的团粒结构和团聚体,带来了良好的通气透

水性能。烟叶核心种植区地下水位随着季节发生变动，在烟叶完成采收前的六月中下旬，地下水位逐步缩小到距地表0.7—1.2米左右，整个大田期植株根系发育都在土壤含水层之上，不会因含水量过大而影响植株根系营养吸收性能。烟叶采收季节如果出现过量降雨，则可利用土壤耕作层良好的透水性，通过深挖败水缺将土壤中富余的雨水引向河流，降低烟田土壤和垄体含水量，促进烟叶落黄，保证适时采收。地质变迁的奇迹赋予了这里充沛的雨水，加上人的能动性，让这里无论旱涝都能出产世界顶级烟叶。

三、地质变迁为中国什邡烟叶种植带来了富足的光热

四川盆地西北边缘有秦岭、青藏高原阻隔冬季冷空气，东部、南部边缘山地低矮，春夏西南、东南季风伴随地表蒸腾作用暖湿气流可一路抬升抵达，让这里冬暖、春早、夏长。盆地初春和夏季积温有效性较高，光热水同步，匹配合理，为烟草、水稻等喜温喜湿作物生长提供了绝佳条件。通过几百年的烟草种植实践，四川人民熟练掌握了气候规律，制定了科学的种植策略。

日照及其辐射能是农作物进行光合作用最基本的能量来源。四川盆地常年平均日照数为3.39小时，其中大春早季（4月1日—7月31日）440—670小时，约占全年的43%—46%；大春正季（4月1日—8月31日）590—910小时，约占全年的57%—64%。大春早季光热适中，匹配良好，烟草种植的光照条件十分优越。

四川盆地冬暖特点显著，根据气象统

長城雪茄
Great Wall CIGAR

金駝雪茄
Golden Camel CIGAR

中國土產畜產進出口總公司廣東省茶葉土產分公司經營

香港代理處：德信行有限公司

香港干諾道西37號　　電報掛號：香港"4848"

计，盆地西北部从3月10日左右开始（春分前10天），常年气温维持在16—18℃之间，大春早季15℃以上积温在2700℃左右。春早、积温条件好的优势有利于春烟种植，但气温回升快，降雨不足，四五月份水热容易失去平衡，需要通过泉水灌溉克服春旱，充分利用光热资源，为烟草作物生长带来额外增益。夏季气温最热时出现在7月份，大部分时间日均温超过26℃，极端高温在36℃以上。不过，烟叶早已在6月中旬已采收完毕，成功避开了高温伤害。

在什邡，烟叶种植的大田生长期为大春早季，即在惊蛰到春分之间进行大田移栽，清明节前完成查苗补缺。整个大田生长期日照直射时数为370—460小时，占全年日照时数的35%左右。从绝对日照时间看，似乎光照条件有所欠缺，但其实不然：在4月份早春季节，平均日照时数在5—7个小时左右，为团棵期烟叶植株生长带来了最适宜的柔和日照光线；进入5月以后，日照光线强度增大，西南季风的到来使降雨也逐渐增多，平均湿度超过80%，白天受雷雨、阵雨影响，日照直射时间反而减少，平均维持在4.5小时左右。雨后水汽蒸腾上升聚集，在丘陵、盆地上空变为云气，天气转为昙天，云量大多在6—7.5左右，阳光由对地面的直射转变为漫射，避免了直射时间过长导致的"粗筋暴叶"和灼热病。光照富足而不强烈、分布均衡合理，这一独特的自然条件促成了什邡烟叶成品叶脉细、油分足、弹性好、色泽均匀、口感醇和的典型物理特征。

从3月中旬开始，什邡平均气温维持在15℃以上，到3月底、4月，平均气温接近20—24℃，最低气温在12℃以上，最高温度接近30℃；5月平均温度18℃以上，最

高温度接近33℃；6月平均温度21℃以上，最高温度接近34℃。在烟叶大田生长季，什邡烟区夜间温度维持在13℃以上，极少有灾害性天气危及烟草作物生长。同时，夜晚受川西北高原冷空气影响，旺季生长期昼夜温差大，有利于植株夜晚减少糖分消耗，为后期烟叶发酵、醇化处理以及长城雪茄乃至中国雪茄独特味道和品类风格特征的形成奠定了物质基础。

亿万年的地质变迁发育，龙门山断裂带中段独有的泥盆纪沉积，为什邡冲积平原孕育了肥沃的紫色油砂土壤、充沛的雨水、富足的光热，为世界顶级烟叶生长发育集齐了优越的地质和地理要素，赋予了什邡烟叶始终如一、精致丰富的口感以及卓越不凡的世界顶级香气品质。

本节只是为什邡烟叶产地文化建设中的地质学支撑搭建了理论骨架，要讲好中国雪茄烟叶故事，为中国"醇甜香"雪茄品类构建世界独属的烟叶原料原产地话语框架体系，进一步深化什邡地质、地理、土壤、气候与雪茄烟叶生产的关联性、基础性研究必不可少，这类研究耗时长、资源投入大、见效慢，需要政府相关部门牵头，紧紧围绕中国晒烟型雪茄风格、长城雪茄产品特征，统筹专业机构、研究人员系统性开展研究，形成合力，进一步提升效率。

参考文献

[1] 白远良.中国烟草发展历史重建——中国烟草传播与中式烟斗文化[M].北京：华夏出版社，2022.

[2] 刘慧.四川烟区主要生态因子与雪茄烟叶品质关系研究[D].郑州：河南农业大学，2022.

[3] 陈勇，唐义芝，陈维建，等.德阳雪茄烟叶化学成分特征与稳定性分析[J].湖北农业科学，2017，56（49）：43—52.

[4] 张嘉文.基于GIS的四川主要雪茄烟区生态适宜性评价研究[D].郑州：河南农业大学，2021.

[5] 周锐明.三个雪茄品种在什邡烟区的引种研究[D].成都：四川农业大学，2015.

[6] 赵宇.四川雪茄烟调制技巧探讨[J].农业经济与科技，2017，28（5）：17—21.

[7] 谭舒，邹宇航，张华述，等.雪茄原料烟叶种植密度与产量质量关系研究[J].安徽农业科学，2015，43（31）：21—28.

[8] 郭正吾，邓康龄，韩永辉，等.四川盆地形成与演化[M].北京：地质出版社，1996.

[9] 陆发熹.彭县什邡之土壤[M].成都：四川农业改进所，1943.

[10] 四川省农业厅.四川农业土壤及其改良和利用[M].成都：四川人民出版社，1959.

[11] 西南师范学院地理系四川地理研究所.四川地理[J].西南师范学院学报（自然科学版），1982（9）：100—153.

[12] 梁明.四川什邡市区域水文地质报告[R].成都：四川地质环境监测总站，1999.

[13] 四川省气象科学研究所.试论四川省农业战略气候适应性（油印）[R].成都：1982.

四川之煙葉

張聚垣

四川省所產之煙葉　種類最繁　產額甚鉅　現今四川之重要物產　實以煙葉為第一　茲就其生產製造及銷路狀況　分述於左

（一）生產情形　四川煙葉生產之區域最廣　就中產額最多　煙質最良者　首推成都附近之什邡郫金堂溫江重慶新繁新都諸縣　此數縣所產　實占全省產額之大半　據民國八年之調查　中國全國之煙產額　價值三千餘萬元　其中一千四百餘萬元　為四川一省所產　然此項計算　僅就輸出於他處之額而言　其本省需要之數量　概未算入　由是觀之　四川煙葉產量之多　決非他省所能企及　其煙產之發達　亦可以窺其一斑

四川之農民　關於煙葉之栽培　實有一種專門技術　皆係世代相傳　遂依為常業　蓋其獲利之厚　較之他種作物　恆有倍蓰之利　故皆慘憺經營　不遺餘力　然栽培之時　所需精密之技術　周到之管理　以及勞力資本　皆多於通常作物數倍　在舊曆正二月間即播種於苗床　而苗床之上部　復設有竹筵　可以自由捲放　以調節溫度　並防風雨之侵害　然在此苗床期內　關於苗床之管理　煙苗之保護　尤須特別周到　俟其苗長至二

農商部
實業淺說
編輯處刊行

中華郵務局特准掛號認爲新聞紙類

民國十二年八月一日出版
第二百八十一期

目 錄

四川之煙葉	張聚垣
紅茶醱酵之研究	高子奇
紙之性質與用途（續）	何鑄
地毯改良之意見	萬盛
種菱經驗談	陳及夫
製造上之新發明	
實業大事記（三則）	張嗣堪

什邡冲积平原土层平均厚度达到200米以上。这里拥有世界上最肥沃、最优质、最神秘的黄金分割紫色砂壤土，出产世界顶级雪茄烟叶。其中双盛、师古两镇沿东北—西南轴线18平方公里区域，是什邡雪茄烟叶核心种植区。

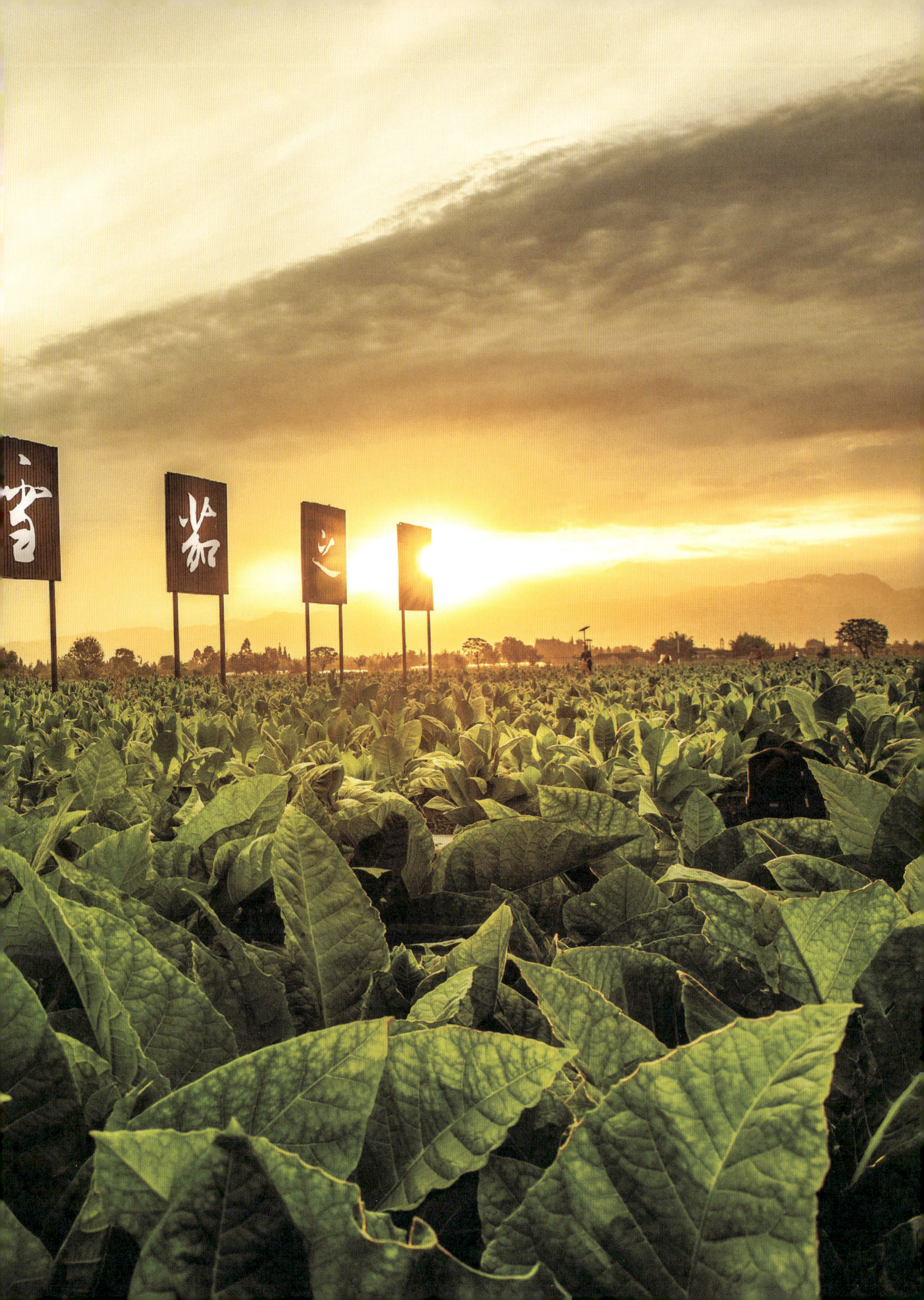
茄
之

第二节
广袤的冲积平原为烟叶种植提供了优越的土壤条件

在中国什邡烟叶种植核心区，土壤pH值、有机质与微量元素含量，土壤排水透气性、保湿性、胶体结构，烟叶大田期土温和地下水位变化等都处于烟叶植株生长的最优区间，达到了自然条件下最优的组合状态，让这里成为世界顶级的中国雪茄"醇甜香"品类烟叶原料核心产区，这是大自然创造的奇迹。

烟草是一种短期作物，它会在90天左右的大田生育期里，生长成为比种子大3000万倍的庞大植株，人们收获的主要是它高质量的烟叶。在适宜的阳光、雨水、气温等气候条件下，优越的土壤特性会使烟草植株根、茎、叶均衡发育，这是确保烟叶高品质的基础。

土壤一般是指地球表面能生长植物的一层疏松物质，由岩石风化而成的矿物质，动植物、微生物残体腐解产生的有机质，氧化的腐殖质等组成。烟田土壤耕作深度通常介于20—40厘米之间。什邡作为中国雪茄之乡、中国雪茄之都，是中国雪茄"醇甜香"品类特色烟叶毛柳晒烟核心产区、

中国雪茄烟叶原料产区。17世纪初以来，四川盆地烟草种植者、商业人员和消费者就发现，什邡冲积平原出产的晒烟质量好、吸食体验佳、香气种类丰富、香气品质卓越，独特而优越的土壤特性是一个重要成因。

一、什邡平原烟叶种植区土壤pH值与有机质、矿质元素含量

土壤酸碱度对烟草植株生长有着重要影响，从耕种经验看，烟草在pH值为5.0—8.5的土壤中都能良好生长。pH值过低，土壤呈强酸性，胶体多呈溶胶状态，粘结过大，不利于植株生长；pH值过高，强碱性影响植株对铁、锰、磷的吸收，植株会出现缺素症。根据实测数据，什邡烟叶核心种植区土壤呈微酸至中性，pH值在6.0—7.0之间，酸碱度位于雪茄烟叶生长最优区间；在师古镇大泉坑"毛氏烟田"种植区，pH值在6.5—7.0之间，接近中性，土壤酸碱度条件更为优越。

在冬秋农闲季节，什邡烟区的烟农有时会将烟田深耕到40厘米左右。这种加厚耕层、疏松通透土壤的耕种方式，有利于提高土壤保湿性和水肥利用效率，促进植株根系发育，减少虫害，提高烟叶品质。什邡平原耕作层土壤不同深度有机质和矿质元素数据见上节所述。

二、什邡平原烟叶种植区土壤排水透气性、保湿性和大田期土温变化

土壤的透气性能对烟叶植株健康旺长也很关键，土壤含水量过多、透气性差，会影响根系呼吸作用和物质交换，抑制根系活动和养分输送。龙门山高原中段拥有独特的泥盆纪沉积岩层，造就了什邡平原的紫色砂壤，表土疏松、心土紧实，排水性、透气性极其优越。在什邡雪茄烟叶种植区，砂粒和粉砂粒的总重量占比维持在82%—91%，直径介于0.05—0.001毫米之间的粉砂粒占比为61.6%—62.1%，土壤粉砂粒占比接近黄金分割（0.618），这是亿万年地质演变的奇迹和上天的眷顾所带来的卓越特性；什邡"毛氏烟田"种植区粉砂粒占比为61.72%—61.95%，土壤排水性、透气性更为优异。

烟叶面积大、蒸腾作用强，植株旺长期耗水量占比为60%左右，但烟草又是相对耐旱的作物，对土壤湿度具有较强的适应性。如果发生干旱，植株根系会向更广、更深土层发育以获得养分，地上部分出现萎蔫，不仅难以获得优质的烟叶，甚至生长所需的生化反应都难以进行。什邡烟叶

种植区大土油砂田属于中壤微偏重的紫色砂壤土，保湿能力优异，土壤呈团粒结构，土质疏松，通透回润好，达到了土壤保湿性与通透性之间的最佳平衡。种植区内土壤含水量在18.5%—23%之间，凋萎含水量为6.8%—8.2%。在早春旱季，烟田一次性冰川泉水（自流井）满灌，可以维持烟草植株20天正常生长。同时，与完全依靠降雨、水库、河流浇灌的烟区不同，什邡烟区在早春旱季使用饱和矿化冰川泉水浇灌。这些泉水经历了从元古代到第四纪冰川各地质年代岩层的淋溶、溶融、浸润，富含烟叶生长所需各种的珍稀营养元素，使烟叶的养分来源和结构更为复杂，出产的烟叶香气种类更加丰富、口感更为丰满细腻、吃味更加醇甜浓郁，这是什邡烟叶的独特优势。

土壤温度对什邡烟区肥料肥效的充分发挥也起到了重要的助推作用。烟草植株根系伸展发育和肥效的充分发挥需要合适的温度，土温过低根系会被冻伤，反之则会加速根系木质化、酶钝化等，影响矿质元素吸收。世界顶级雪茄用烟叶种植区都具备优越的土温条件。按照耕种传统，什邡烟叶在3月10日后开始烟苗大田移栽，春分前后完成栽种，最晚在3月底前完成查苗补缺，达到烟田全苗，整个移栽窗口期

不超过 15 天，以保证在夏至前完成采收。根据历史统计，什邡核心烟区 3 月中旬到 4 月中旬平均气温在 15℃以上，最低气温在 12℃以上，烟叶植株根系几乎没有出现过因土温过低而被冻伤的情况。根本原因就是什邡雪茄烟叶种植区位于龙门山中段山前向阳的冲积平原之上，砂壤土疏松通透、保温性好，土壤肥沃，有机质多，呈灰色，吸热性好。实测数据显示，团棵前雪茄烟叶植株根部周围土壤夜晚土温平均为 22—26℃，最低平均土温为 19—23℃；白天阳光照射之下土壤升温快，植株根部周围平均土温可达 28—37℃。晴好干旱的早春气候叠加，进一步强化了土温优势，确保了团棵期植株拥有适宜的土温，根系快速生长发育。在旺长期、成熟期，环境温度升高，烟叶发育后阳光被遮挡，不再直射土地，土壤均温基本维持在 27—35℃。良好的土温环境为这一地区烟用肥料充分发挥效力提供了根本保障，植株根部和周围土壤中的放线菌、亚硝化细菌等细菌群落繁育旺盛，磷酸酶、蔗糖酶、脲酶的活性显著增强，施用的饼肥、磷素、钾素和氮素等各种烟肥被有效分解成根系能吸收的营养成分，保证了肥效充分发挥，实现了植株健康旺长。

三、什邡平原烟叶种植区地下水位变化和土壤胶体结构

烟草育苗时破坏主根，在大田期会出现主根发育不明显，而侧根和不定根旺长的情况。采用起垄深栽的方式，烟垄高度一般在 30—35 厘米，培土后垄体会再提高 10 厘米，植株根系主要分布在距地表 12 厘米左右的侧向，吸收根系多在茎基周围 15—20 厘米范围内。这种栽种方式不仅有利于烟草植株不定根、侧根根系旺盛发育，提

升烟用肥料养分吸收、烟碱合成效率，也实现了土壤保湿、保温、通透性之间的有效平衡。但在整个大田期要保证植株根系有效吸收养分和空气实现健康旺长，对地下水位有着特别的要求，即在整个大田生长期，地下水不能长期淹没植株根系。

什邡雪茄烟叶种植区地下水位随着季节变化而变动，在植株移栽的3月中下旬，地下水位距地表1.8—2.5米；4月中下旬，随着印度洋西南季风到来，降雨量逐渐加

《什邡建立晒烟农工商联合经营公司》（1982年1月2日《四川日报》）

大，地下水位开始回升，4月底地下水位距地表大约在1.5—2米左右；到5月底、6月中上旬，地下水位距地表缩小到0.6—1.2米左右。由于苗期主根遭到破坏，烟叶植株在整个大田期侧根伸入地表的深度多数在15—18厘米，极少数会达到30厘米。什邡烟区大田生长季烟叶植株根系的发育都在土壤含水层之上，不会出现土壤含水量过大影响植株根系营养吸收的情况。到6月烟叶采收期，随着太平洋东南季风的到来，雨量逐渐加大，则利用平原土壤耕作层良好的透水性，通过深挖败水缺将土壤中富余的雨水引向河流，降低烟田土壤和垄体含水量，促进烟叶落黄，以保证雪茄烟叶高质量适时采收。地下水位的变化规律加上富足的矿化冰川泉水，让什邡无论旱涝都能出产世界顶级烟叶。

在什邡烟叶种植区，烟田土壤富含各种胶体物质，为植株健康旺长提供了卓越的土壤肥力支持。什邡微酸至中性的紫色砂壤土中拥有丰富的水合氧化铁、水合氧化铝、水合氧化硅以及大量的蛭石类、水云母类黏性矿物和有机胶体，为土壤带来了良好的透气保湿性能。以蛭石类、水云母类为主体的黏性矿物胶体结构，还为土壤带来了良好的渗透性和离子吸附能力。同时，蛭石类胶体具有很高的阳离子吸附能力，在其吸附作用下，钾离子、铵根离子、钙离子等通过与土壤间隙接触的根系而被植株吸收；水云母类黏性胶体中的钾离子会在晶层结构破裂后被植物利用；水合铁、铝氧化物黏土胶体带正电荷，通过配合基交换吸附磷酸根等阴离子，使其经根系吸收被大量利用。

什邡烟叶种植区独特的土壤肥力不仅来自其黏性胶体，还来自冲积平原和龙门山高原山区动植物残体经微生物分解后又重新合成的大量有机胶体。这些有机胶体主要是有机物经微生物分解转化形成的腐殖质胶体物质，主要由碳、氢、氧、氮、磷、钾等营养元素组成，它让砂壤土的黏土疏松、砂土黏结，具有高度的亲水性，形成了良好的团粒结构与缝隙。腐殖质胶体还让这一地区土壤具备良好的阳离子固定作用，为植物生长储备土壤养分，增强保肥作用。年复一年的龙门山雨季为什邡冲积平原带来了山区的大量动植物残体，广泛采用的有机饼肥、秸秆还田、种植紫云英绿肥也持续地补充着土壤有机质，为什邡出产优质烟叶提供了稳定的土壤肥力。

除此之外，无机胶体、腐殖质有机胶体外相互作用，还构成了特殊的复合胶体，让肥力得以充分发挥。通过有机质和矿物质胶体复合，什邡烟叶种植区形成了砂壤土的高水稳性和疏松多孔的团聚体，为土壤带来了良好的通气透水性能；同时，土壤耕作层里的复合胶体具备卓越的阳离子交换能力，让土壤更加肥沃。肥沃的土壤才能产出优质的烟叶，顶级的烟叶才能制成顶级的雪茄，这是雪茄产业界的共识。采用什邡顶级烟叶卷制的长城雪茄·国礼1号曾在2018年获得《雪茄杂志》盲评95分的极高分，多年来力压世界众多著名雪茄品牌连续霸榜，再次印证了什邡平原出产世界顶级雪茄烟叶的事实。

四、关于充分发挥什邡平原土壤优势、加快世界顶级雪茄用烟叶产区核心能力建设的思考

要成为世界顶级的雪茄用烟叶产区得"老天爷赏饭吃"，需要各种地质和自然条件达到最佳的组合平衡状态，这是亿万年地质变迁、独特的土壤结构、良好的光照条件、适宜的温湿度、充沛合理的雨水以及烟农们对每一片土地特性的充分掌握等诸多因素共同作用的结果，单纯依靠某一个或几个独特的优势，不可能培育出世界顶级的优质烟叶。将什邡平原打造成世界顶级的雪茄烟区还有许多工作需要补足和加强。

一是要进一步提升什邡平原土壤特性研究的精细化水平。本书虽然分析了什邡平原土壤特性对雪茄烟叶种植的影响，但是没有对不同耕作层深度的中微量元素（氯、钙、镁等）含量、不同直径胶体粘粒占比、不同胶体占比等展开分析，而它们对于烟叶品质特征的形成有着重要作用，这说明相关机构、研究人员对土壤特性研究的精细化程度、对关键元素指标重要性的研究还不够。要从打造世界顶级雪茄烟叶种植区的高度，充分认识开展相关研究的必要性、紧迫性。

二是要进一步提升什邡平原土壤特性勘察、分析的更新频次。本书所参考的资料，上到1932年，近至2022年，部分指标甚至采用了60年前的相关数据、称谓和表述，也说明这些对烟草种植有着重要作用的土壤特性指标，在长达60多年的时间里没有再次开展过类似的勘察调研，建议政府相关部门、研究机构提高这类基础性、普惠性的土壤特性指标勘察、更新频率。

参考文献

[1] 李虹，高华军，吕洪坤等．有机肥和品种互作对土壤微生物群落及雪茄烟叶生长和产量的影响[J]．南方农业学报，2022，53（6）：1552—1559．

[2] 范龙龙，叶科媛，何华等．咖啡豆残渣有机肥对德阳雪茄根际土壤肥力及真菌群落的影响[J]．中国烟草学报，2023（2）：122—132．

[3] 刘蒙蒙，王慧方，徐世杰等．有机氮与无机氮配比对海南雪茄烟茄衣生长和根际土壤营养状况的影响[J]．河南农业大学学报，2015（5）．

[4] 周文，雷庭，周婷等．贵州独山雪茄烟区土壤养分含量状况与评价[J]．农技服务，2020（08）．

[5] 董康楠，李爱军，符云鹏等．什邡典型雪茄烟区土壤养分状况及施肥建议[J]．江苏农业科学，2013，41（04）．

[6] 樊俊，向必坤，谭军等．雪茄烟田微生物群落和土壤理化性状与青枯病发生的关系[J]．中国烟草科学，2022（5）：94—100．

[7] 四川省农业厅．四川农业土壤及其改良和利用[M]．成都：四川人民出版社，1959：63—67．

[8] 四川省气象科学研究所．试论四川省农业战略气候适应性（油印）[R]．成都：1982．

[9] 耿增超，戴伟．土壤学[M]．北京：科学出版社，2011：111—128．

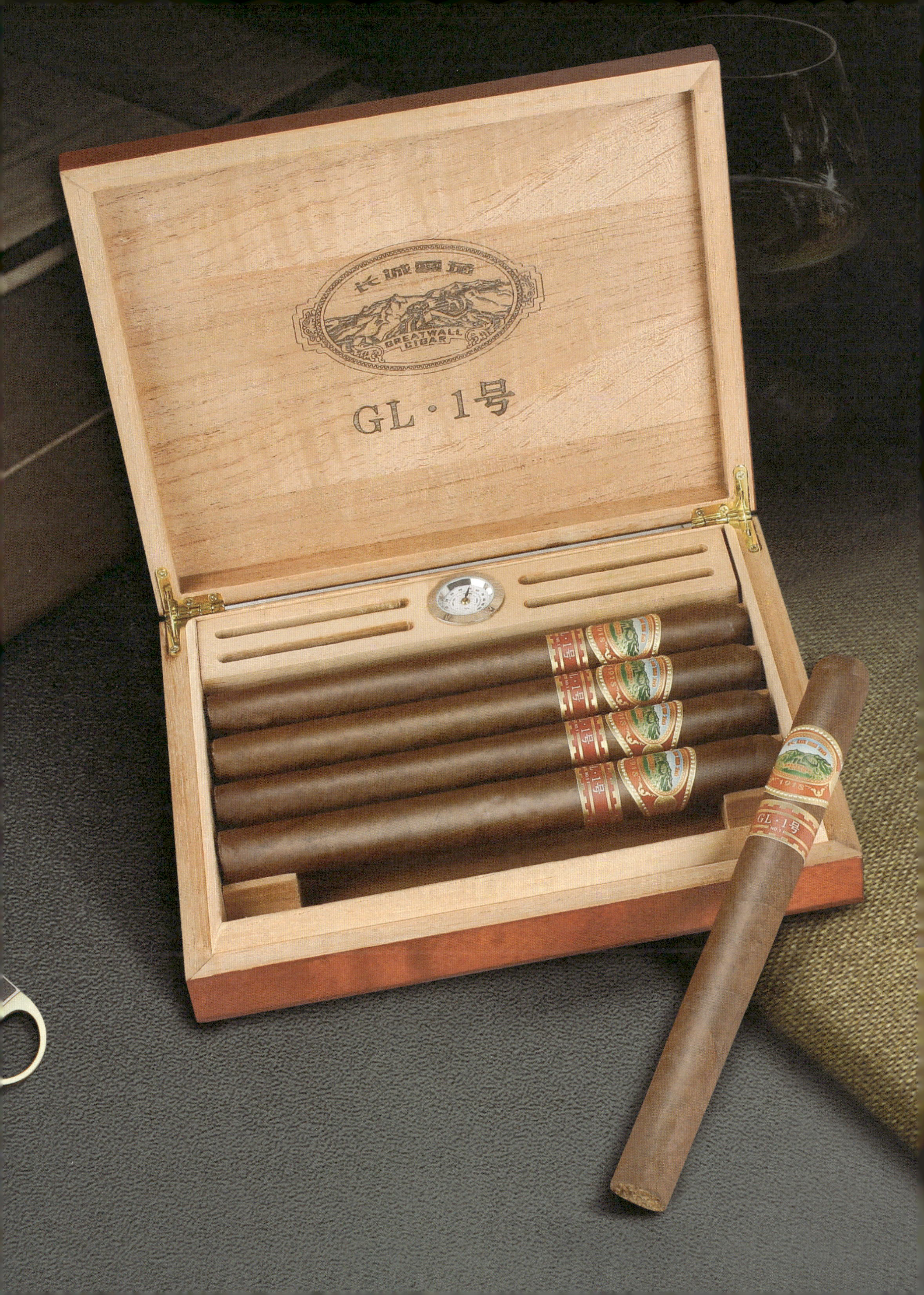
GREATWALL CIGAR
GL · 1号

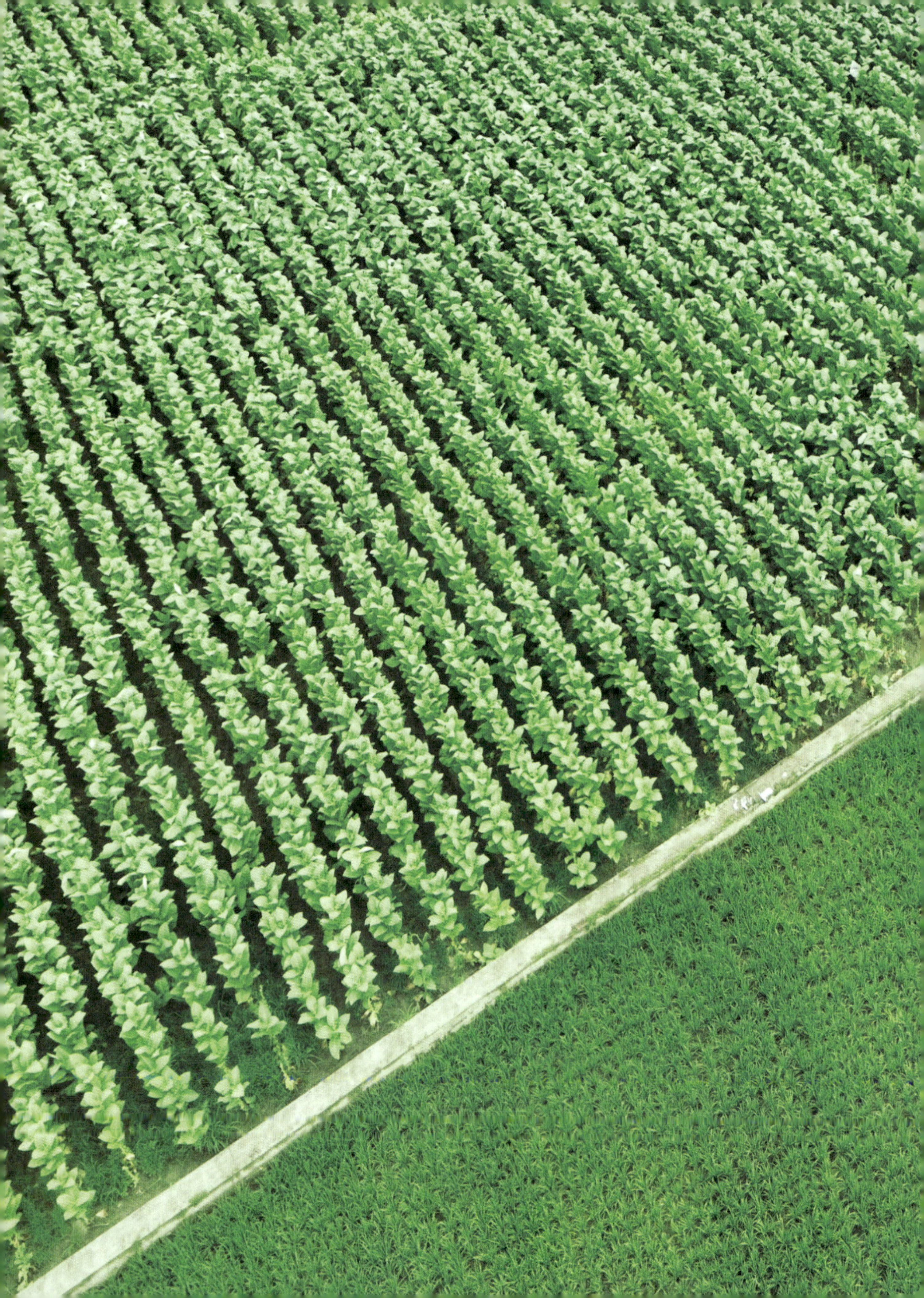

明末清初引种烟草之后，什邡平原的农业生产发生了深刻变化，在长期实践中，逐渐形成了独具特色的"两年五熟轮作制"，即绿肥—春烟—晚稻—油菜（或大麦、小麦）—中稻，实现了土地价值和雪茄烟叶品质最优化，进一步促进了地方经济发展。

第三节
独特的季节性气候为什邡烟叶晒晾调制提供了卓越的气候条件

雪茄是用烟叶卷制的用于吸食的柱形物,采用什么样的烟叶在于生产者和消费者的选择,但根据传统,一般采用自然环境下调制的晒晾烟或晾晒烟。

中国因气候原因,传统上采用晒烟卷制雪茄。晒烟调制主要利用阳光辐射能量在室外进行曝晒,以提高叶温和烟叶周围环境温度,促进叶内物质转化,辅以雨天室内自然风晾和适宜的空气湿度,完成叶内物质固定和干燥定色,成品烟叶含糖量比晾烟高,氮和烟碱含量低,所卷制的晒烟型雪茄具有独特的醇和甘甜口感,无苦味,相比晾烟型雪茄香气种类更丰富、香气品质更佳。在中国雪茄烟叶核心产区,采用晒晾调制不仅能得到更优质的成品烟叶,同时也将烟叶调制过程中的人工干预降到了最低,但所需的自然气候条件极为苛刻。

什邡位于北纬30°线上,属亚热带湿润季风气候,烟叶生产核心区在龙门山中段东南侧向阳平原之上,海拔高度为550—650米。6—7月是印度洋西南季风与太平洋东南季风在四川盆地转换的季节,阴天与雨天交织,偶有晴天出现,风速微缓轻柔,风向不定。自16世纪末尝试种植烟叶以来,烟农们一直在探索最大化利用自然气候赋能,以最小代价调制出最优质的成品烟叶。

经过数百年的实践经验积累,什邡烟农将大田生长期确定为大春早季,惊蛰到春分进行大田移栽,清明前完成查苗补缺,5月底开始第一次采摘,6月下旬完成最后一次采摘,烟叶调制季节为6、7两个月。在自然条件下,对于烟叶调制方式的选择,产业界普遍认为自然环境高温、温差、风力、天气和空气湿度等都是极为关键

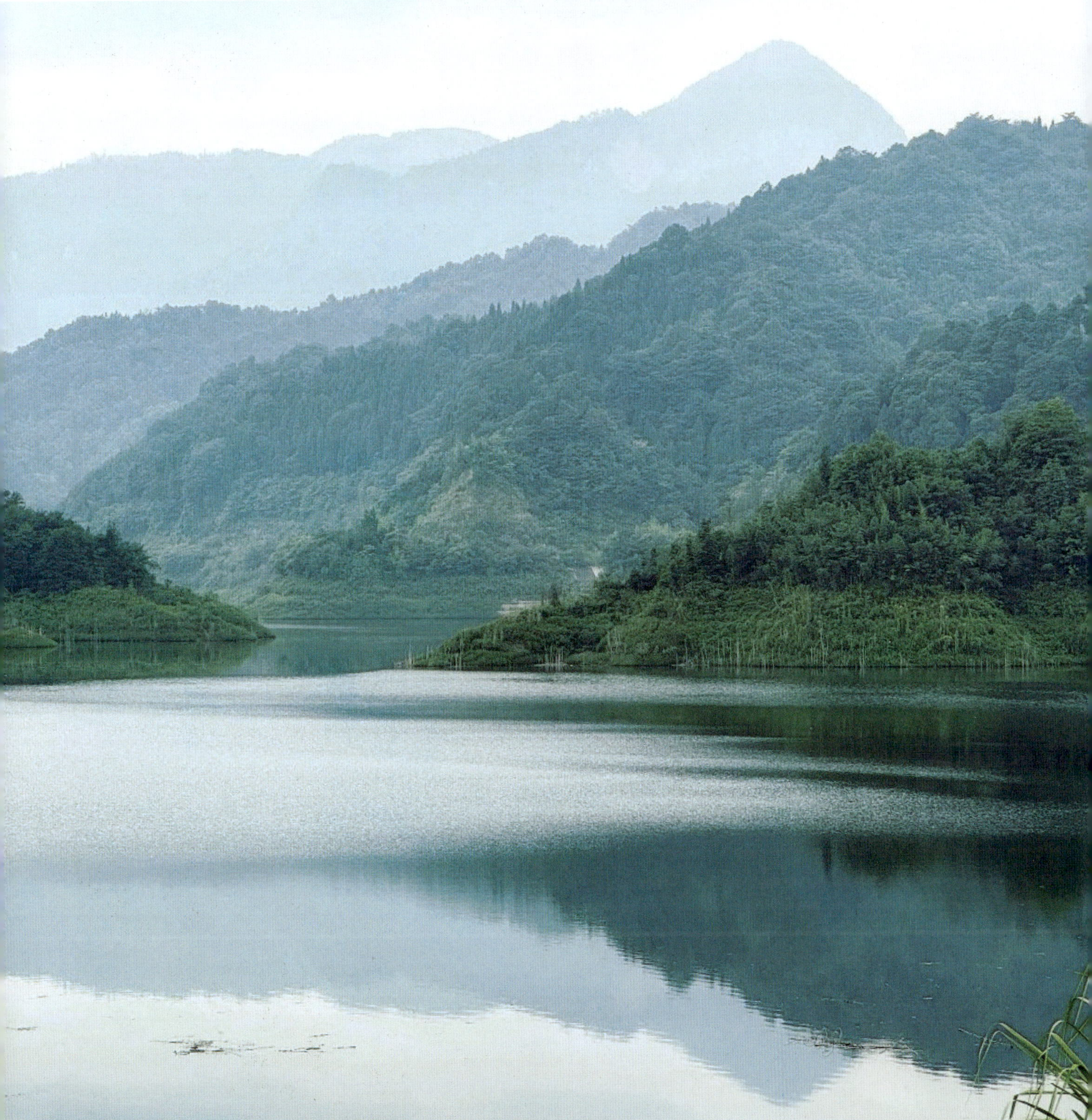

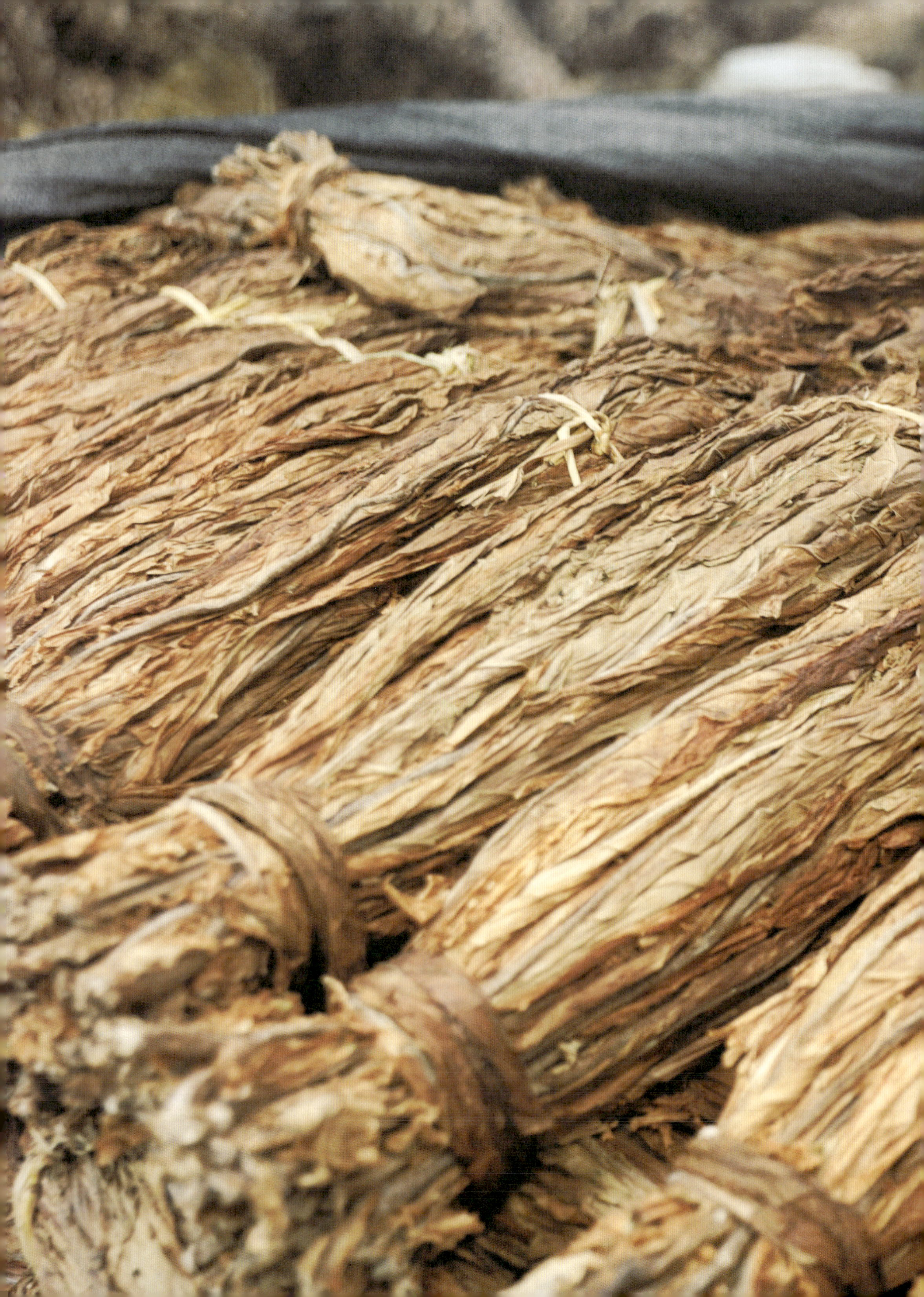

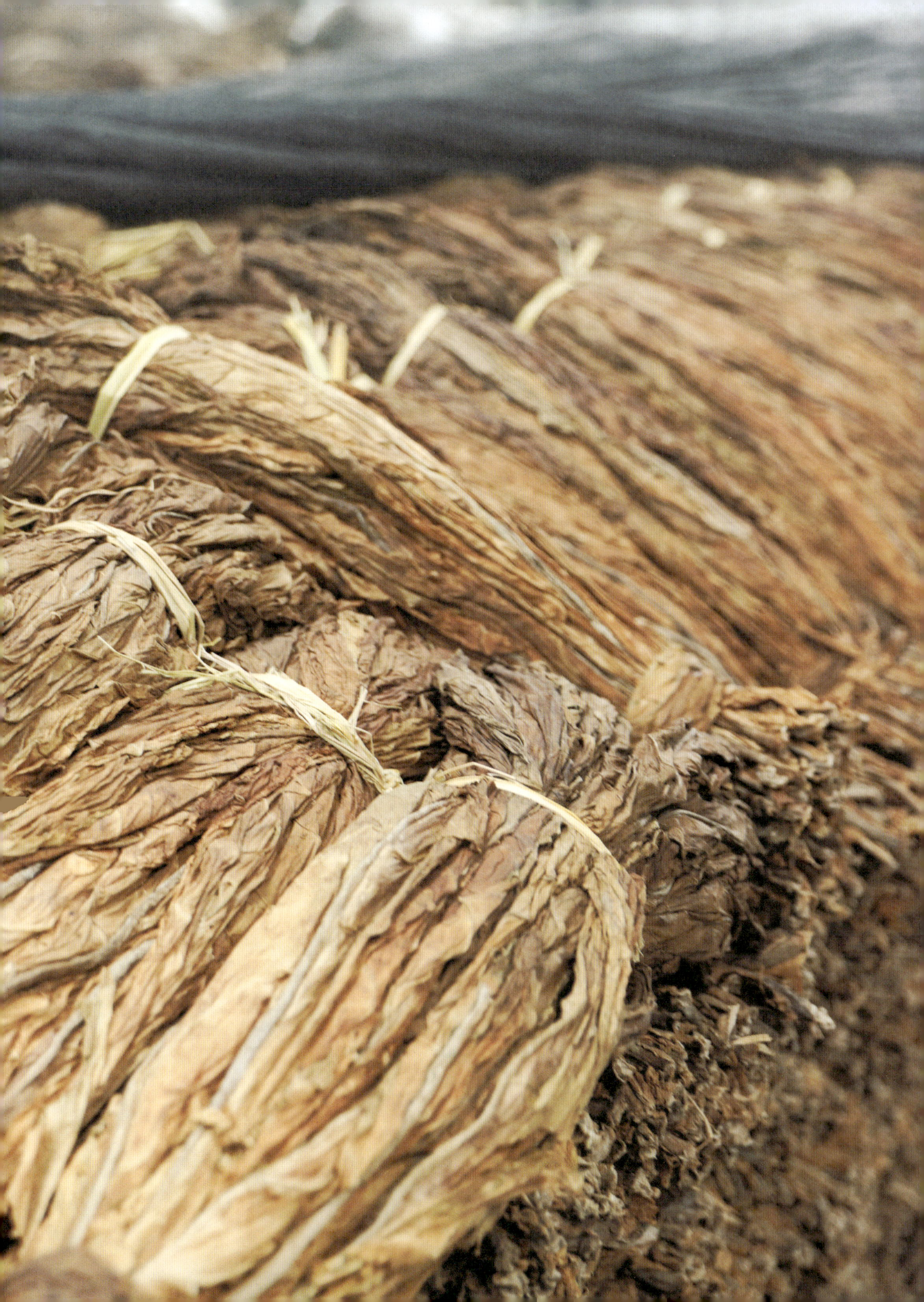

的气象指标，本节重点分析什邡这两个月的气象数据，以得到晒烟调制所需气象环境的适宜区间。由于是采用露天晒制，对自然风仅有风速要求，这里不分析风向。

为了便于处理，这里将多云、多云转晴、阴转雨、多云转雨、阴天、多云转阵雨统计为阴，小雨、小雨转多云、小雨转晴、小雨转阴、雨统计为雨，晴转雨、晴、晴转多云、晴转阵雨统计为晴。本节所分析的数据时间跨度为6年，涵盖2018—2023年什邡6—7月366天的气象数据，包含天气、日最高气温、日温差、风速、空气湿度等6大指标（数据由什邡市气象局提供）。

成品烟叶质量是众多气候因素共同作用的结果，鉴于什邡是世界顶级的晒烟产区，在探索它的气候奥秘时，这里借用大数据基本原理，假定烟叶调制期间某项气象指标波动范围最小且天数占比达到70%以上，即可认为这一指标波动范围就是自然环境下晒烟调制所需的最适宜气象指标。

一、2018—2023年什邡烟叶调制季节日最高气温、日温差分布情况

雪茄烟叶自然调制的6—7月份，什邡最高气温为27—33℃的天数为272天，占比74.3%；日温差为5—10℃的天数为269天，占比73.5%（见表1）。

二、2018—2023年什邡烟叶调制季节天气、风速分布情况

6—7月份，什邡晴天50天，占比13.7%，雨天与阴天合计315天，占比86.3%（其中阴天244天，占比66.6%）；一二级风合计349天，占比95.4%（其中二级风243天，占比66.4%）（见表2）。

三、2018—2023年什邡烟叶调制季节空气湿度分布情况

由于湿度92%及以上和65%及以下的天数较少，为了便于分析，分别将其合

表1　什邡烟叶调制季节日最高气温、日温差分布表

最高气温（℃）	35（含）以上	34	33	32	31	30	29	28	27	26	25	24（含）以下
天数（天）	19	16	28	38	47	47	46	37	29	27	10	21
日温差（℃）	14（含）以上	13	12	11	10	9	8	7	6	5	4	3（含）以下
天数（天）	3	13	14	23	35	50	43	52	47	37	26	17

表2　烟叶调制季节天气、风速分布表

天气	晴	雨	阴	风速（级）	0	1	2	3	4	5
天数（天）	50	72	244	天数（天）	0	101	243	17	0	0

表3 烟叶调制季节空气湿度分布表

湿度（％）	92 及以上	91	90	89	88	87	86	85	84	83
天数（天）	52	9	15	7	15	12	8	12	13	10
湿度（％）	82	81	80	79	78	77	76	75	74	73
天数（天）	8	4	15	17	12	13	11	8	14	11
湿度（％）	72	71	70	69	68	67	66	65 及以下		
天数（天）	12	5	16	5	7	14	8	32		

并在一起，其余每个百分点为一个区间，得到什邡烟叶调制季节的湿度天数分布表（见表3）。6—7月份，什邡空气湿度位于67%—90%之间的天数合计264天，占比72.1%。

从什邡晒烟调制所具备的整体条件看，一个地区要采取室外晒晾方式进行烟叶调制，调制季节气候环境需要同时满足以下五点：最高气温为27—33℃、日温差为5—10℃、空气湿度位于67%—90%之间、阴雨天、一二级风合计天数占比皆应达到70%以上（其中阴天、二级风的天数占比达到60%以上）。

四、中国（什邡）烟叶采用晒晾调制的气候原因

雪茄所用的烟叶，需要在鲜叶采收后利用自然环境条件及时进行凋萎、变色、定色处理，达到理想品质状态后才能长期贮存。根据世界雪茄产业界几百年的摸索和实践经验总结，调制期间四个关键环境指标对烟叶品质的形成有着决定性的作用，只有当它们大多数时间（一般以天数占比达到70%作为基准）均处于烟叶调制的最适宜区间，才能得到优质的成品烟叶，即：烟叶调制所处环境的日最高温度为30—33℃、日温差为10—13℃、空气湿度为68%—90%、一二级风合计天数占比皆达到70%以上（具体分析见本章延伸阅读）。

与烟叶调制所需的适宜环境指标相比，什邡6—7月份最高气温为30—33℃的天数（161天）占比43.99%、日温差为10—13℃的天数（86天）占比23.5%、空气相对湿度为68%—90%的天数（249天）占比68.2%，一二级风速合计天数（348天）占比95.1%（二级风占比66.4%）。可以看出，日最高气温为30—33℃和日温差为10—13℃的天数占比远低于70%的标准。但什邡借助阴天柔和的阳光曝晒，有效地解决了这些难题：

一是柔和适宜的阳光曝晒，有效地改善了晒烟烟叶调制的高温和温差环境。在烟叶调制季节，什邡天气以阴天为绝对主导，天数占比66.6%，折射阳光光照柔和而不暴烈，通过实测，依靠阳光提供的辐射能量，晒场烟叶周围环境温度能整体提高2—5℃，克服了什邡自然环境高温主要集中于27—

33℃、温差主要集中于5—10℃的难题。采用室外晒晾进行烟叶调制，不仅将晒场烟叶周围环境温度提高到了烟叶调制所需的适宜温区，还提高了烟叶调制环境温差，拓宽了叶内物质生化反应适温范围，获得了种类更多、品质更优的香气物质，进一步改善了叶内物质转化、变色、定色和水分均衡消散环境。什邡的晴天占比13.6%，强光直晒时间较短，而且在出现强光曝晒使晒场烟叶环境温度过高（超过35℃）时，烟农会在整个晒场上方展开遮阳网，避免烟叶因阳光直晒增温过高，让烟叶始终保持在适宜的环境温度下进行晒晾调制，确保了成品烟叶的高品质。

二是轻软风力主导的天气，营造了烟叶调制所需的风力环境。什邡风速低于3.3米/秒的天气占比接近95.1%，其中二级风天数占比66.4%，稳定且持续的轻软风力不仅可以均衡有效地穿透晒场，带走富集在烟叶周围的湿气，还有利于降低晒场烟叶温度，避免局部烟叶因曝晒升温、增湿过大带来的损伤。什邡烟叶晒场极少因风力问题出现排湿过快或不畅问题。

三是以阴天为主导的天气，避免了连续晴天造成过度曝晒。阴天占比达到66.6%，采用室外晒晾，借助折射形成的柔和阳光，晒场烟叶不仅升温和缓，叶内物质转换和生化反应过程变得更和顺，还避免了完全采用室内风晾容易出现的堵棚烧架和烟叶霉变发烂问题；阴天主导也避免了调制期间连续晴天阳光曝晒可能造成的烟叶油分不足、色泽变浅难题，让变色期和定色期的调制管理更可控，更容易得到高品质烟叶（晴晒：晾=1:6，阴天室外、雨天室内风晾）。

此外，什邡烟农在晒制期间发现空气湿度偏低时，会利用傍晚的露水对烟叶适时进行回润处理，然后再推入晒棚风晾，保证调制期间酶与微生物始终保持较强活力。

可以说，什邡烟农借助阳光辐射能量进行烟叶室外晒制，让晒场烟叶周围的环境高温、温差、风速、空气湿度等气象指标都处于烟叶调制所需的适宜区间，实现了最大化利用自然气候资源，以最小成本获得了最优质的成品烟叶。这里不仅是世界上最适宜的雪茄用烟叶种植区之一，也是世界上最优质的晒烟产区。

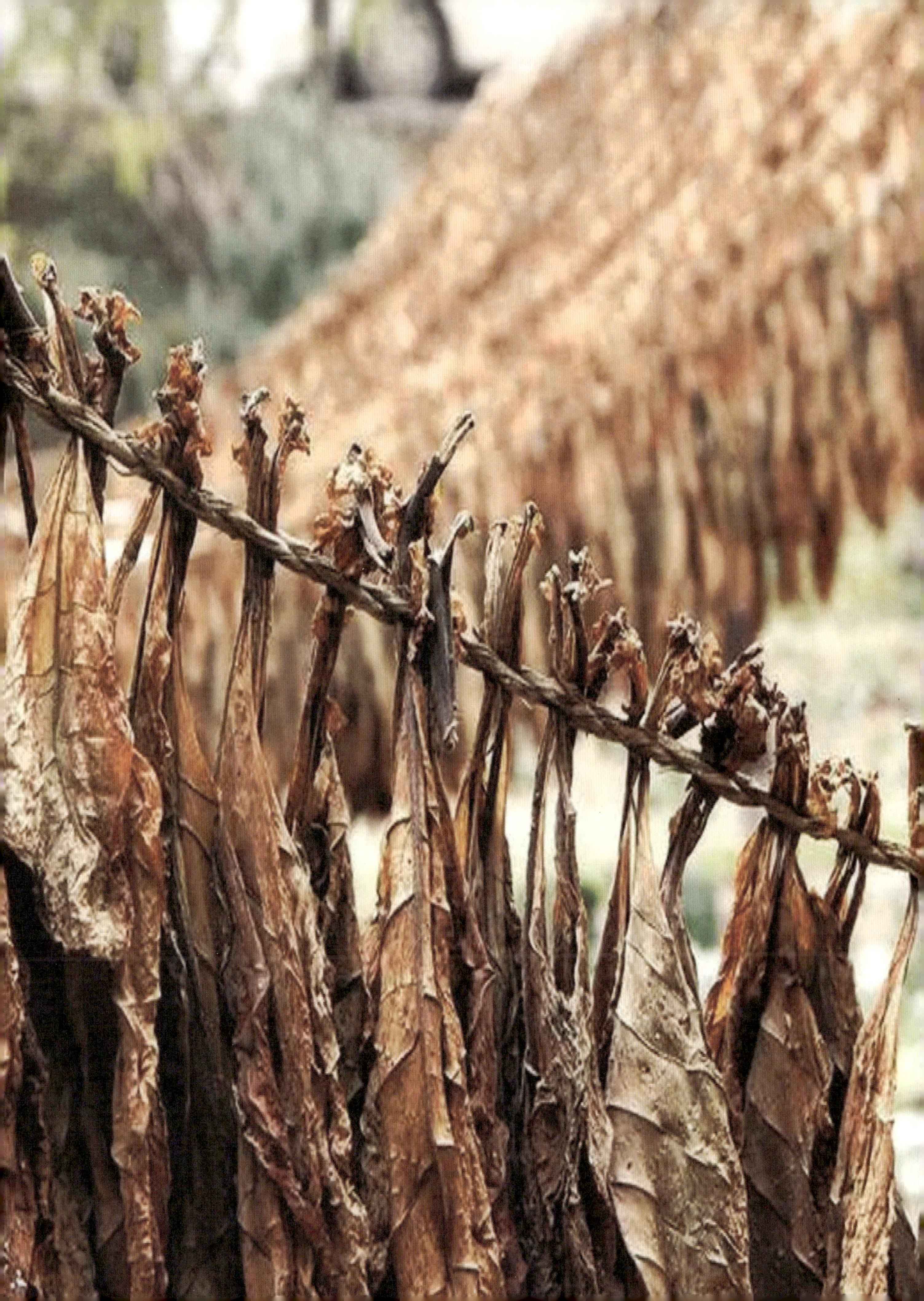

烟叶植株高大、形态优雅，花朵形如喇叭，色彩艳丽，气味芬芳，有白色、红色、黄色等颜色。除了作为农作物、药用植物栽培外，烟叶还曾作为一种观赏作物，被种植在花园里。

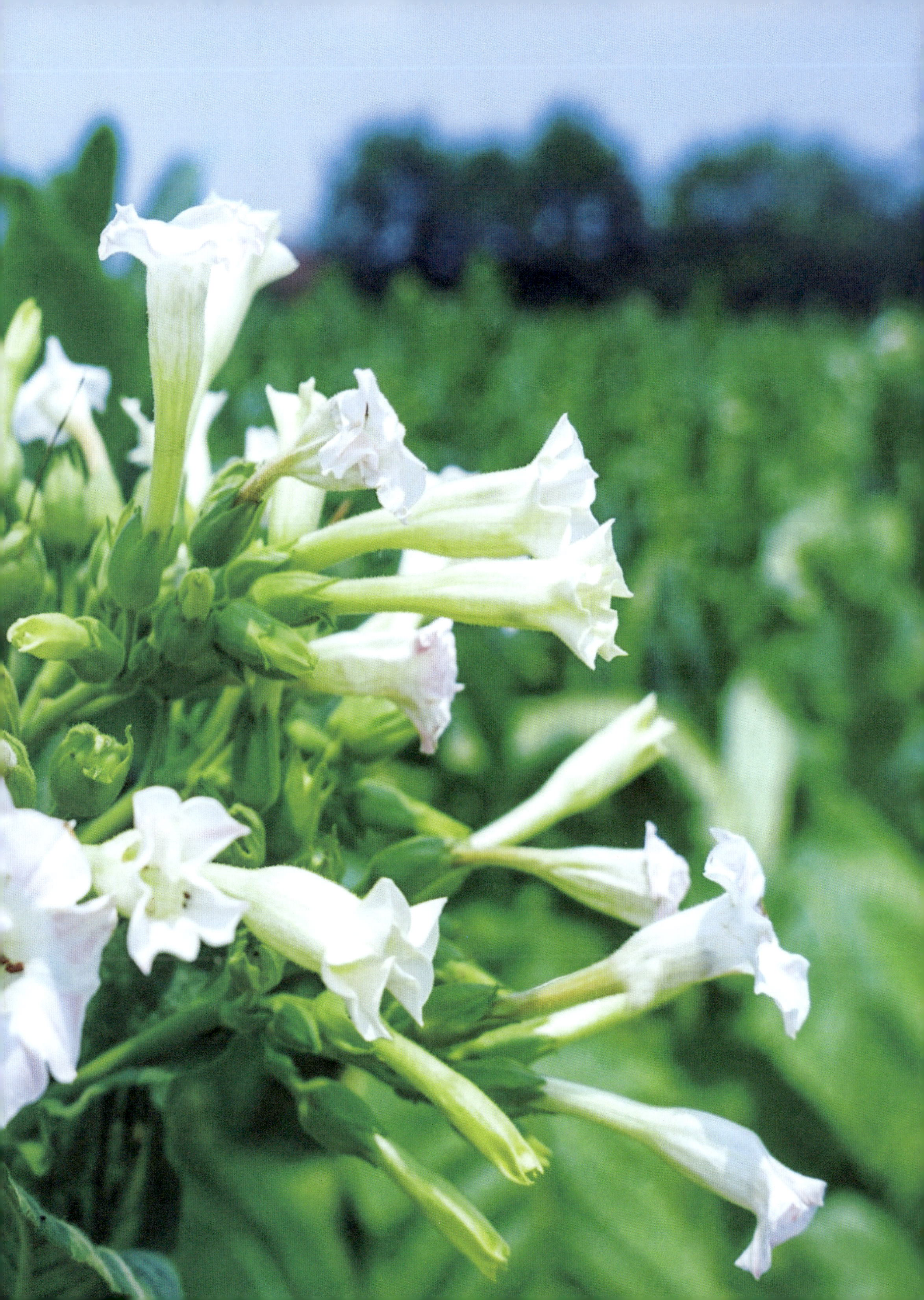

第四节
毛烟、柳烟为什邡烟叶提供了优质的种源基础

选育出优良的烟叶品种是雪茄烟叶实现优质生产、保证烟叶品质的基础。除了自然条件，什邡雪茄的优势还源于四百多年来烟草种植者致力于烟叶品质的持续提升，持之以恒、精心选育和引进的优良品种。其中种植历史最为悠久的毛烟、柳烟是长城雪茄乃至中国雪茄味道的灵魂所在，它们以优异的品质和独特的口感，为茄客们带来赏心悦目的视觉享受和顶级的品吸体验。什邡优质烟叶品种主要有以下三大类型。

一、毛烟类型

什邡毛烟连续种植已达三百余年，是彰显长城雪茄"醇甜香"风格特征和中国雪茄味道不可或缺的必备茄芯烟叶。关于它的命名，有两个流传甚广的说法，一是因叶片上多腺毛而得名，另一是个它产于什邡县云西公社二大队的"毛坝"，品质特别好，有"贡烟"的美誉，所以叫"毛烟"（有时也称"云烟"）。调制方式为将叶片串在绳索上挂于特制晒棚内调制，因此又叫"索烟"；晒后色泽红亮，又统称"晒红烟"。毛烟弹性强，燃烧性好，抗逆性强，生长缓慢，味道醇厚甘甜，香气种类丰富、结构层次清晰、品质卓越，代表品种有铁杆子、半铁泡和泡杆子三类。

1. 铁杆子

主要特征特性为：茎秆较细而坚实，叶片呈深绿色，不很宽大，比较厚，因而使得全株光照好，中下部叶片质量都好。叶片组织细致，主侧脉均精细，侧脉角度大（叶耳大的为"大附耳"，叶耳小的为"小附耳"），叶耳色较浅。花冠较小。叶片晒好后，颜色红亮油润，弹性强，燃烧性好，白灰接火。生长较慢，抗旱力较差，对肥、水要求较高，适宜油砂田或半砂田种植。又分为白花铁杆子和红花铁杆子两种。

白花铁杆子：品质最优，具有抗逆性强、较耐旱等特点。植株呈塔形，株高160厘米左右，茎秆坚实，茎围7—9厘米，叶18片左右。苗前期叶片有白色腺毛，叶色黄绿，有小附耳，腰叶长50厘米，宽27厘米，节距中等，有稀节疤、密节疤之分。打顶后叶片短圆，呈心脏形。主侧脉较细，主脉向一侧弯曲，使两侧叶片不相等，状如桃。顶叶长57厘米，宽34厘米，花序繁茂集中，花朵较小，花冠白色，蒴果呈长卵圆形。叶片成熟时下垂，腺毛脱落。晒晾加工后，叶片组织细致，油润柔和，弹性强，色泽极为红亮（烟农称为"心红膛子"），吸时燃烧性好，味正醇香，灰白紧卷。大田生育期从假植到中心第一花开放115天左右，生长势中等，前期长势慢，后期较快，

腋芽萌发力强，长势旺。

红花铁杆子：品质仅次于白花铁杆子。株式塔形，株高 190 厘米，茎秆粗壮。茎围 9.2 厘米左右，节距中等。叶数 15 片，腰叶长 48 厘米，宽 26 厘米，叶色深绿，叶片较厚。打顶后，叶片呈宽椭圆形。主侧脉较稀，较细，有小附耳。顶叶长 54.5 厘米，宽 29 厘米，顶部叶片不过于长大，中下部叶片易接受日光，质量较好。花序集中，花朵较小，花冠粉红色，蒴果呈长卵圆形。晒制后色泽红亮，身份较重，品质较好。大田生育期从假植到中心第一花开放 120 天左右，长势强，对土壤要求不太严格，适应性较强。

2. 半铁泡

株高140厘米左右，叶13片，腰叶长40厘米左右，宽27厘米，打顶后呈长椭圆形，顶叶长48厘米，宽30厘米，组织较细致。成熟后叶片下垂，节距较稀。花序集中，花冠呈粉红色，蒴果卵圆形。叶片晒制好后呈红色，质量次于红花铁杆子。大田生育期从假植到中心第一花开放120天左右。适应性强，对土壤和肥水要求不太严格。又可细分为5个品种：

一是盖三张。主要特征是顶部三片叶子长、宽、大、平展，分布均匀，很少有叶耳。叶片椭圆形，筋脉分布较稀，顶叶肥厚，体重、软和。抗旱能力强。

二是大涧槽、小涧槽。因叶片生长时呈涧槽形而得名，大涧槽比小涧槽叶肚宽，但大涧槽中下部叶片比小涧槽质量差。抗旱力强，抗病力小涧槽比大涧槽好，不择土壤。

三是灰叶子。主要特征是叶片呈灰绿色，上有细茸，有叶耳，主侧脉较细，下部和脚叶质量差，晒制好后色泽红亮。燃烧时灰火，味略差。较能抗病。

四是吊把子，又名白鹤颈。是毛烟和柳烟天然杂交的品种类型，主要特征特性是花冠红色，叶片狭长，肚面较宽，叶尖细长，成熟时叶尖弯曲向下垂（整株烟形如鸡罩），叶片肥厚柔和，主侧脉较粗，叶肚背面朝天。晒制好后色暗红。燃烧时灰麻，味不够纯正。抗旱力较强，不择土壤。

五是大耳朵。叶椭圆形，叶柄有较大的附耳，身份重，筋脉粗大，晒制后色泽红亮，燃烧时接火力强，灰味差。不择土壤，抗旱力强，但抗病力差。产量较高。

3. 泡杆子

主要特征是花色深红，花冠大，茎秆较粗，节距密，生长快，叶色绿黄，叶片宽大而薄，影响中下部叶片生长。主侧脉较粗，色淡，侧脉角度小。叶片组织粗糙，晒制后呈草白色，主脉与支脉均呈白色，叶片呈红、黄、青杂色。抗叶斑病力强，较耐毒素病，耐旱，不择土壤，产量高。

二、柳烟类型

柳烟的加工晒晾方法与毛烟一样，也称索烟，晒制后色泽深红，同属晒红烟，与毛烟的主要区别是叶形似杨柳叶，所以叫柳烟。什邡、绵竹、新都、金堂等县均可种植，其中以什邡双盛皇庄东岳庙、绵竹县秦家坎、新都县督桥河所产最著名，什邡所产柳烟有"贡烟"之称。栽培历史两百余年，仅次于毛烟。

植株呈塔形，株高100—120厘米，茎围4—7厘米，叶16—18片，腰叶长50厘米，宽15厘米，打顶后叶狭长，叶尖稍细，向上立。顶叶长65厘米，宽20厘米，主侧脉细匀，叶片较厚，叶色深绿，无叶耳，叶柄较长。花序集中，花朵小，花冠粉红色或近似白色，蒴果较大。叶片晒晾后色泽红亮，弹性好，味醇香，燃时灰白紧卷。又可细分为4个品种：

一是枇杷柳。其叶形与枇杷叶相似，故名枇杷柳。叶尖尖细，筋脉细匀，叶片柔和。晒制后色泽红亮，燃烧时灰白紧卷，耐火，味醇香。性耐肥，适宜于黏沙适度的土壤，产量较高。

二是青毛子。叶形与芭茅叶相似，故又名芭茅柳。叶窄长，尖稍细，叶尖向上立，生长不下垂，故又称"青毛立耳子"。筋脉细匀，叶片柔和，晒制后色泽红亮，燃烧时灰白紧卷，耐火，味醇香。性耐肥，适宜于黏沙适度的土壤，产量中等。

三是黄毛子。其叶形、质量与青毛子相似，不同的是成熟时叶片下垂（一般称下膀）。不择土壤，产量较高。

四是葵柳。叶片似向日葵叶，故名葵柳，烟农又称"瓢儿柳"。叶尖稍细，叶柄无叶耳，筋脉较枇杷柳粗，叶片较厚。晒制后色泽暗红，燃烧时味正灰白，耐火。宜于黏沙适度的土壤，产量中等。

三、泉烟类型

泉烟的由来，一说是清代咸丰年间由福建泉州烟商引入，一说是什邡引种后，只能用泉水灌溉才能获得最佳品质。晒制后色泽金黄，香气浓郁，弹性好。

代表品种是"桃儿形蒲扇叶子"，种植在砂质土壤中所产烟叶品质较好，打顶较高，留叶较多，但抗逆力不强。植株呈塔形，株高160厘米，茎围7—9厘米，叶20片左右，腰叶长36厘米，宽22厘米，打顶后叶片阔卵圆形，状如桃，有叶柄，无叶耳，顶叶长40厘米，宽30厘米，节距短。花序分散，花朵中等，花冠粉红色，蒴果倒卵圆形。叶色较深，晒制后颜色金黄，其中以叶面有云朵状斑纹，烟农俗称"鸡蛋黄麻雀花"者品质最佳。大田生育期从假植到中心第一花开放125天。

近年来，什邡烟区根据雪茄消费趋势变化，筛选出了"174-1""174-2""什烟一号""葵柳"等本地优势雪茄烟叶品种。在引进优质种源基础上，又陆续筛选出"德雪1号""德雪3号"等优质茄衣用烟叶新品种（薄叶种红花烟），进一步夯实、强化了什邡国产雪茄烟叶原料的领军优势。

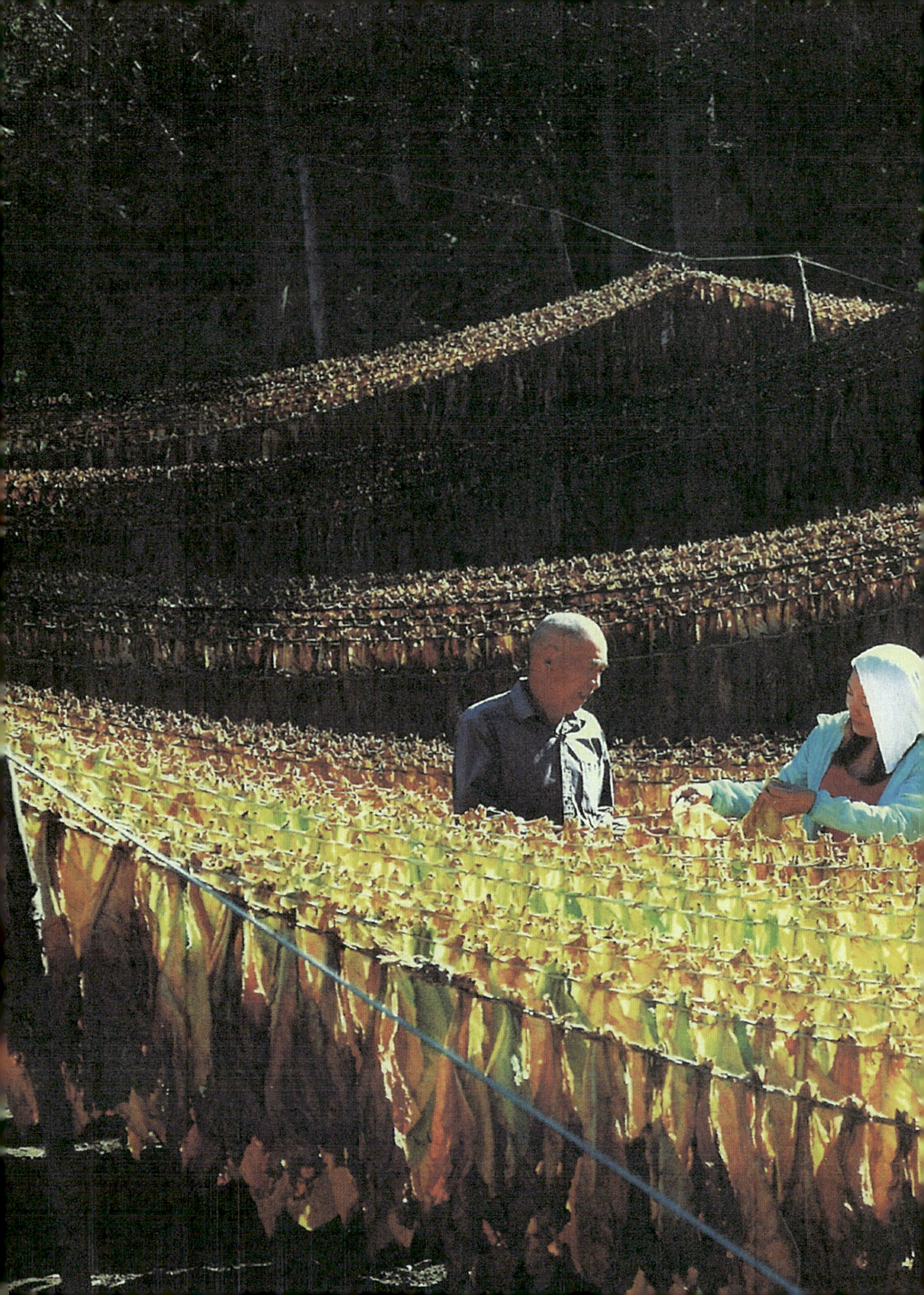

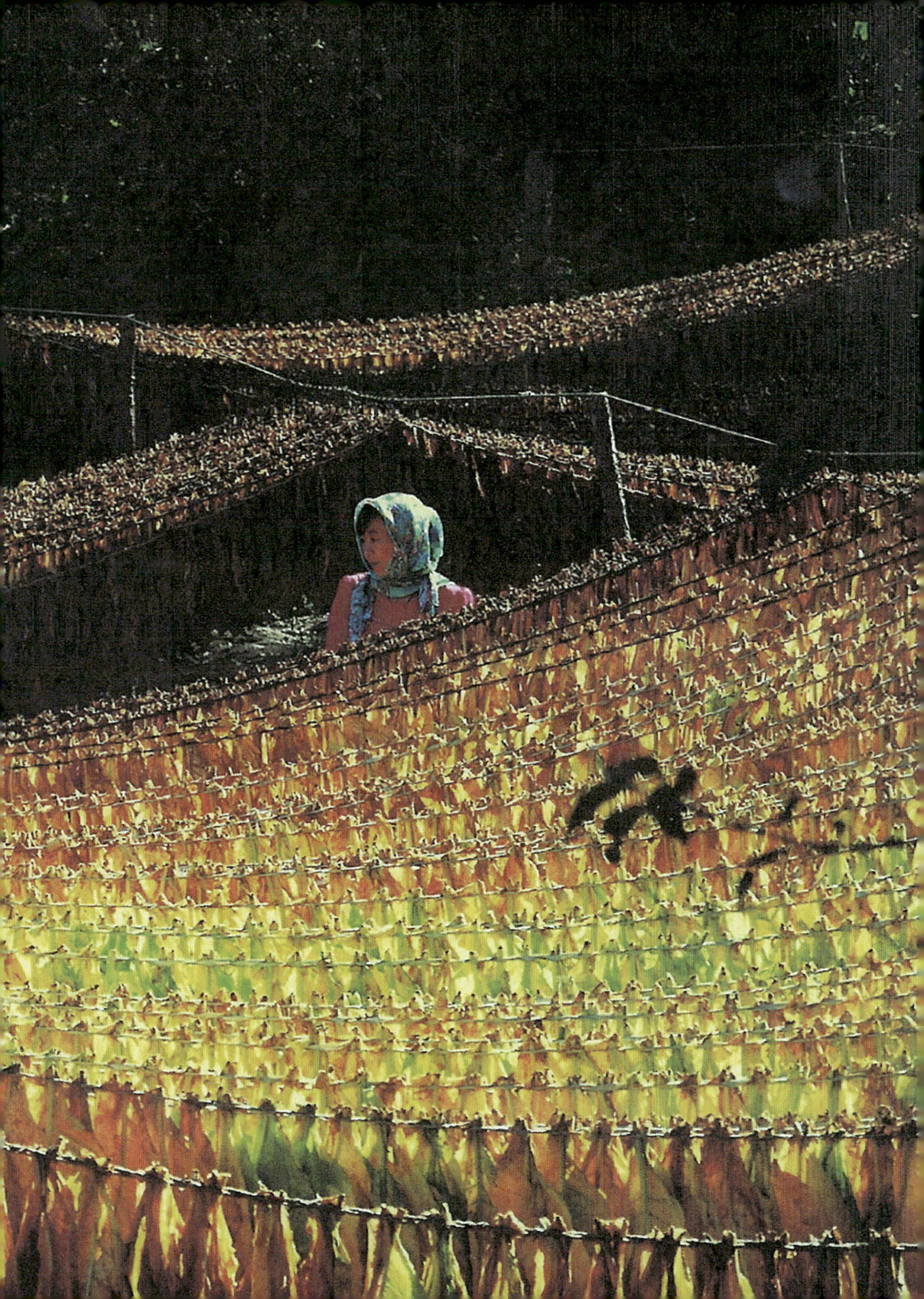

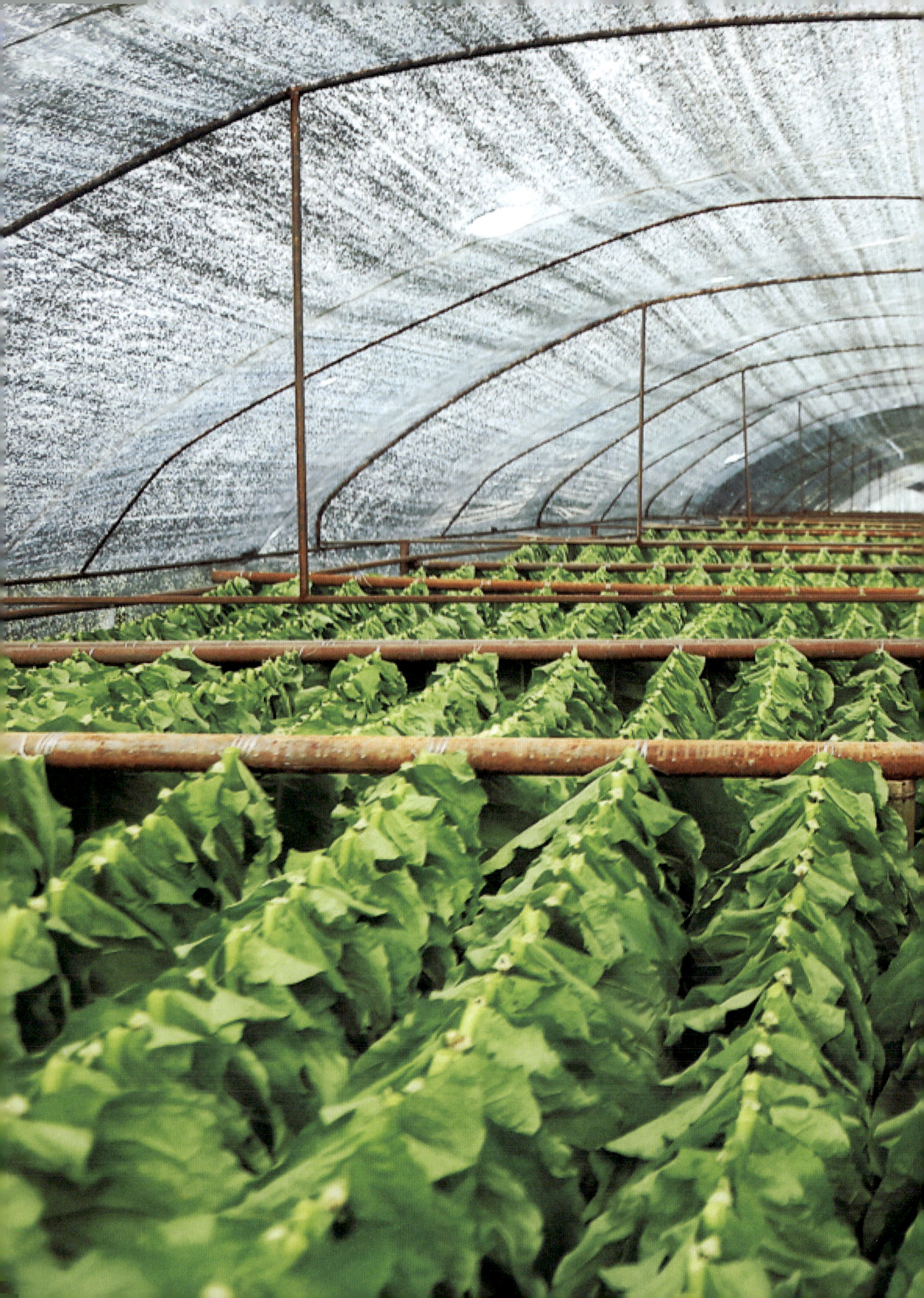

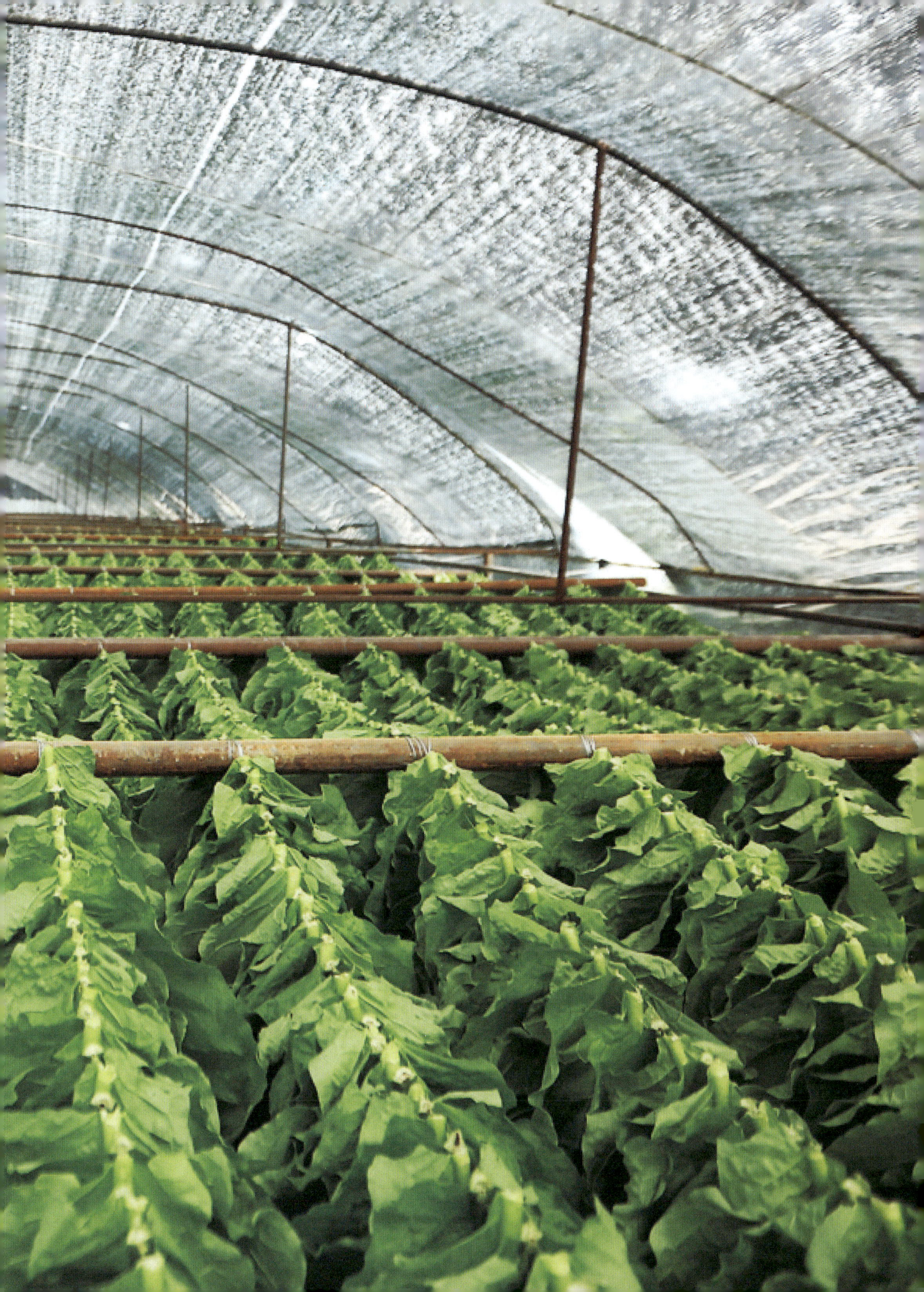

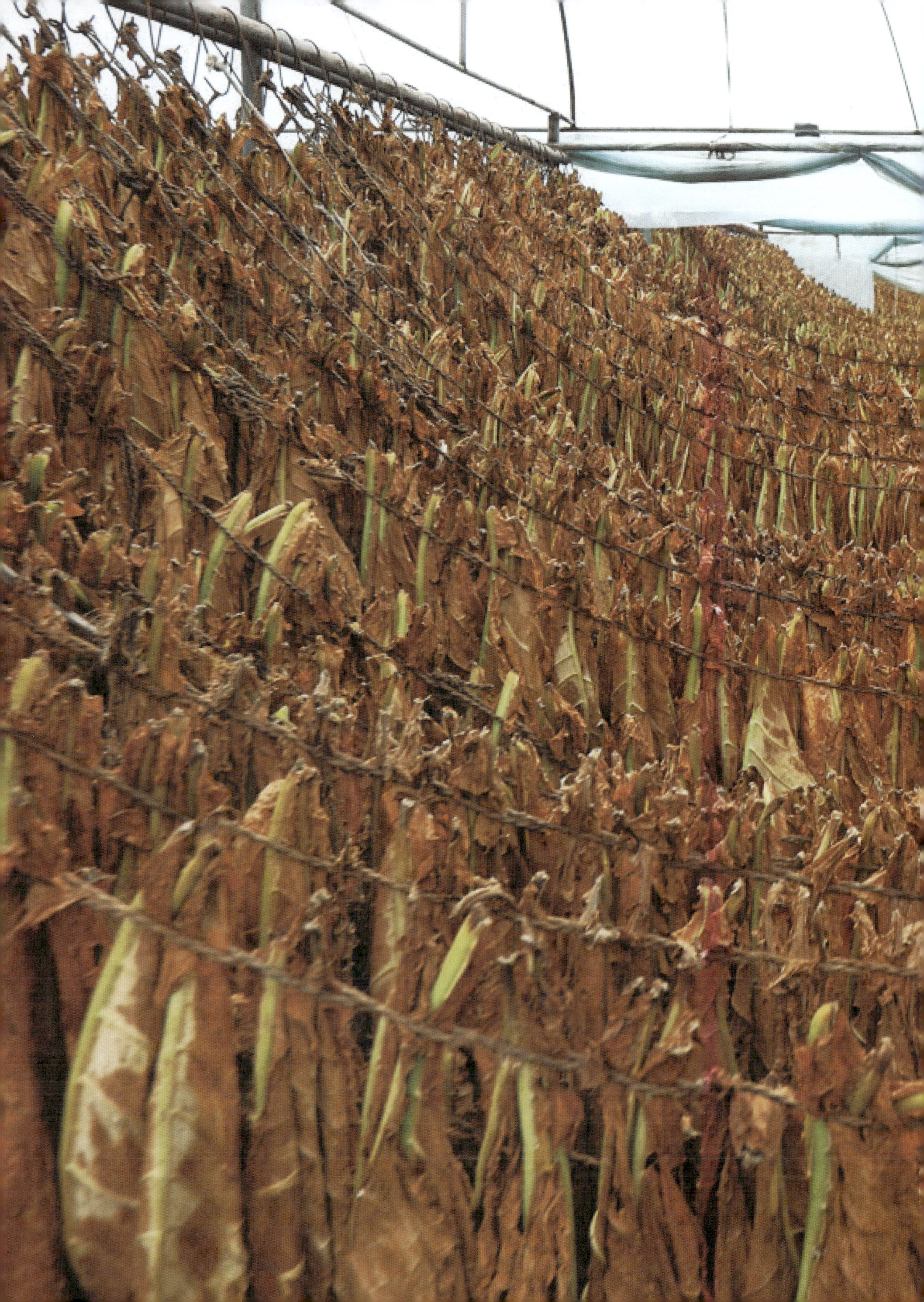

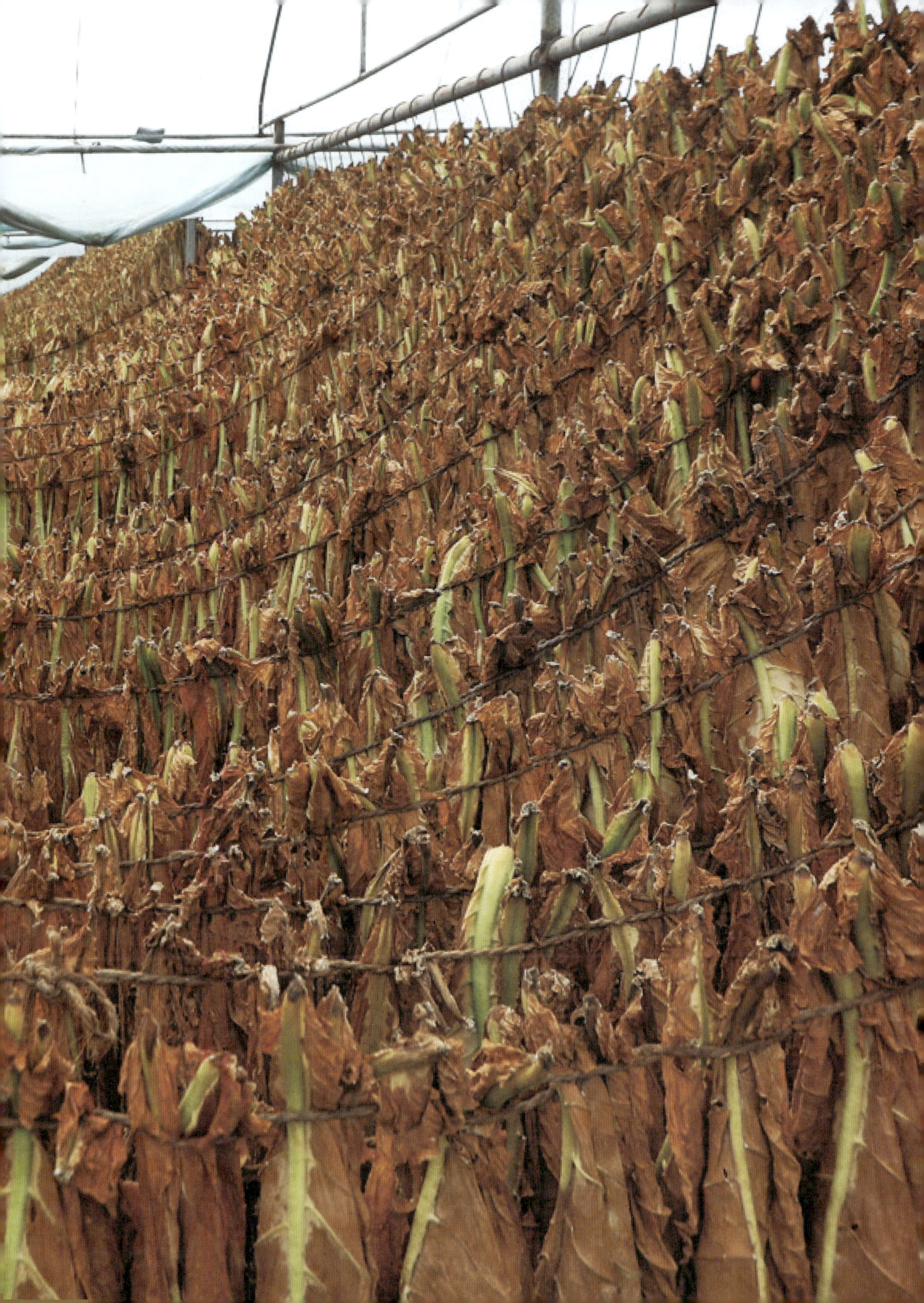

南山牌

纸捲雪茄

四川省益川烟厂出品

廿支装

⑳ 南山牌纸捲雪茄

Nanshanpai
znijuan xuejia
SICHUANSHENG
YICHUANYAN CHANG
znijuan xuejia

第五节
什邡独特的烟叶晒晾调制过程

什邡烟农利用调制季节独特的气候环境，摸索出一套独特的烟叶晒晾方法（习惯称为晒烟），让这里出产的世界顶级雪茄烟叶"醇甜香"风格特征更加凸显。晒烟大致分为5个阶段。

第一阶段：采收

什邡毛柳烟一般在芒种至夏至期间采收。通常下部叶片先成熟，然后顶叶、腰叶陆续成熟，根据烟叶成熟的特征适时采收，若采嫩，则质量和产量降低；采老，则叶组织疏松，燃烧时缺乏香气，质量不高。

1. 成熟特征：烟叶主脉发亮，易从茎上摘落，断面出现半月形的黑褐圈；叶面皱缩，叶尖下垂成钓鱼钩形；茸毛脱落，黏汁减少，叶片光滑并出现成熟斑，烟油增多；叶尖和叶片边缘呈黄色，淀粉增多，叶片变脆。

2. 采收方法：当地自下而上将毛柳烟的

采收部位分为脚叶、幺叶（下二棚）、中叶（腰叶）、上部叶（上二棚）和顶叶。过去也有整株砍收的，目前主要采用逐叶采收法。

什邡毛柳烟留叶少、顶叶大、遮光严重，中下部叶片成熟时光合产物减少，因此叶片薄，弹性差，香气不足，品质低劣。脚叶和幺叶一般在八成熟时采收。根据产品配方要求，部分区域采取早收脚叶、再收顶叶、后收腰叶（脚叶→顶叶→腰叶）的采收方法，以延长腰叶的光合时间，改善光照强度和腰叶整体品质。

采烟时，不采雨后烟和雾地烟，以保持烟叶洁净，不使其沾泥带沙，避免减损烟叶油分及光泽。同时，采摘人员的手指应靠拢茎秆，提着叶柄往上摘，以免采断叶柄或带上茎皮。采下的烟叶要边采边运回边上绳，不能大堆存放，否则就会捂坏烟叶。

第二阶段：晒晾设备制备[烟房（晒棚）、烟杆、烟圈、烟绳等]

传统烟房为木竹结构，上盖稻草，以不漏雨为宜，改良后则为整体晾房结构，屋顶铺设透光性好、无色无味的塑料篷布，篷布上铺设遮阳网，晒制过程中如阳光过于暴烈（晒场烟叶环境温度达到35℃）会打开遮阳网，将晒场烟叶控制在适宜温区内。烟房规格一般三间为一"向"，每间长400厘米，宽400—470厘米，檐高150厘米左右。

每"向"烟房需要长1000—1130厘米的杉木8根（改良后普遍采用搭建脚手架的建筑钢管替代木质梁柱和栏杆），长330厘米以上的栏杆木条6根，长130厘米左右的尾桩8根，长130—160厘米的烟顶子16根，长约1400厘米的草绳160根，直径20—24厘米左右的竹制烟圈640个，可晒晾6—8亩烟叶。

烟房两侧附近设有开阔的场地，以便容纳大批烟叶户外曝晒和风晾。烟房应选在地势高燥、四周无遮蔽的地方，以便于管理。烟房应适当集中，可3—4间或更多连接在一起。一般每间400厘米×400厘米的烟房可晒2—3亩的烟叶。晒烟杆从房内直通房外，由数根连接而成，要求连接后应不短于1330厘米。烟棚的两侧有直径24厘米的铁圈或竹制圈，烟绳穿在环上，烟叶则悬挂在两杆之间。

为使烟叶能充分接受阳光，晒烟棚的方向应为南向，烟绳东西向拴在两个烟杆之间。

第三阶段：晒晾过程

一是上绳。田间采收的烟叶，于当天立即上绳。顶叶3—4片一束，中下部叶4—5片一束，叶面相对，主脉并排，扣在烟绳上，每束相距10厘米左右，然后夹紧。每绳晒鲜叶50公斤以上。

二是晒烟现场管理。烟叶上绳后，立即推出去曝晒。曝晒过程分凋萎、变色、干筋三个时期，烟叶逐步失去水分，颜色由绿色至黄色至红褐色。但是如果遮阴晾制，则颜色会由绿色变为青灰色。下面是晒烟现场管理过程中各时期的要点：

凋萎期：以烟叶失水凋萎为主，在什邡也被称为"晒蔫"或"拖膀"。第一天曝晒时，两绳间相距15—24厘米，以不漏太阳光为宜。傍晚推进烟棚内也不能堆得过密，以免发热。次日露水干后仍推出曝晒，两绳间距离适当缩小，此后均以不漏太阳光为度。凋萎阶段若阳光强、气温高，则每天早推出、晚收回，4—5天即可。如遇久雨，一俟天略放晴，即推出棚外透光吹风，以免发热，烧坏烟叶，降低烟叶品质。

什邡晒棚内呈棕红色的晒烟▶
古巴晾房内呈棕色的晾烟◤
国内简易晾棚里呈青灰色的晾烟▼

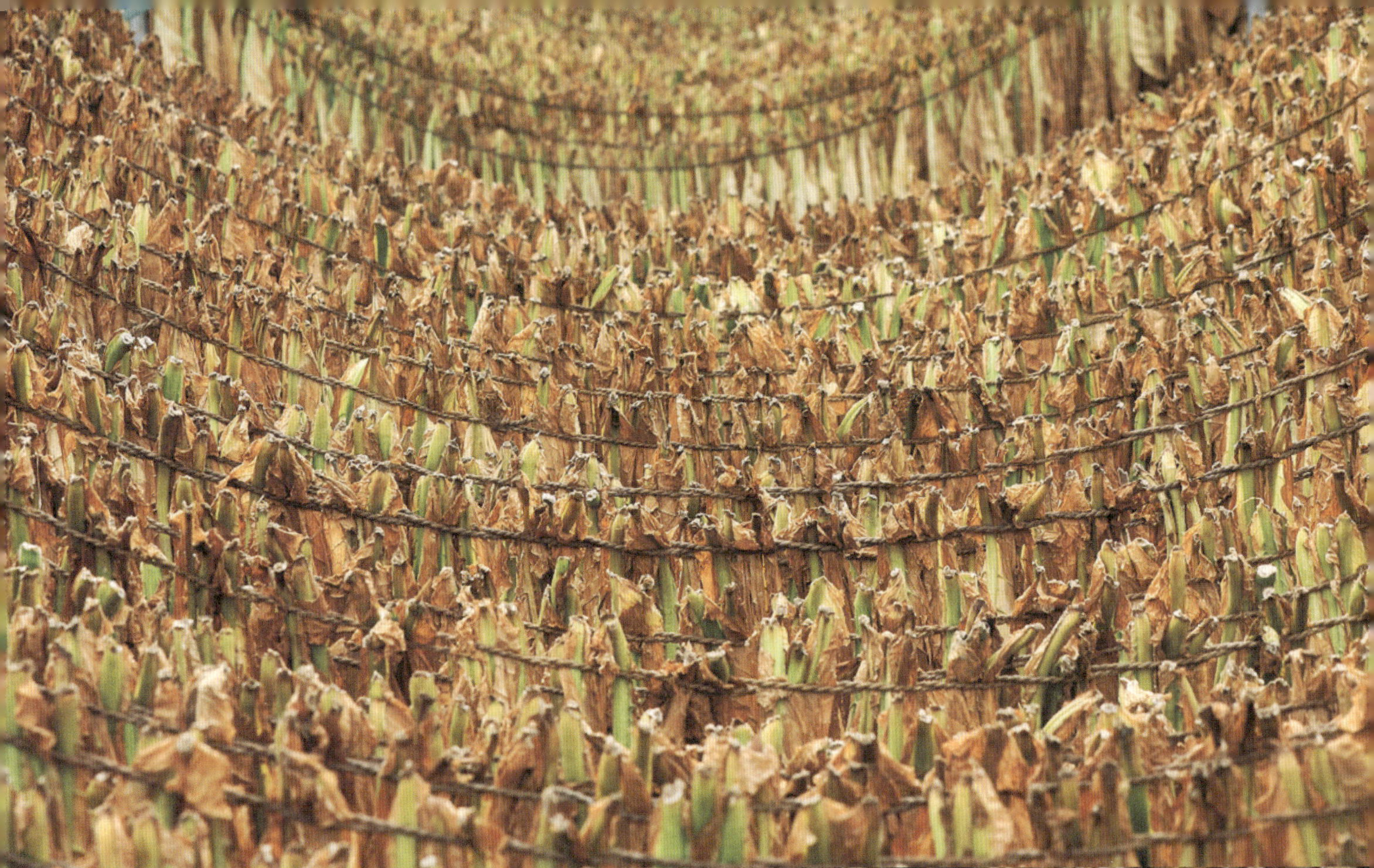

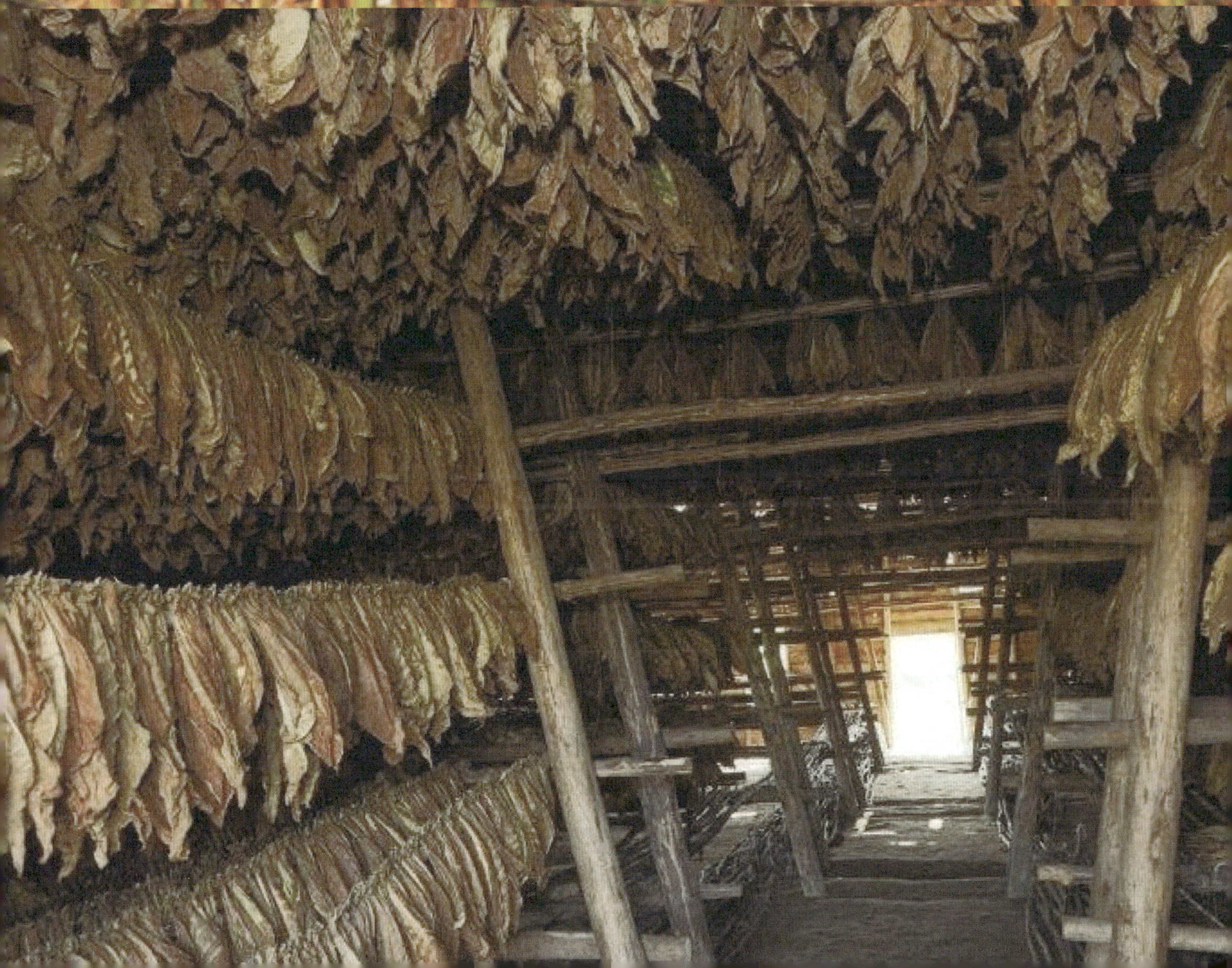

变色期：烟叶叶色由青转黄到基本干燥，这期间由于烟叶已凋萎，应进行"紧扣""收绳""撕叶"等工作。

"紧扣"，即将绳扣收紧，以免叶片脱落；"收绳"是将绳的两头（或一头）收紧一些，使叶尖部不致扫地沾泥和吸潮损坏；"撕叶"是将在凋萎过程中相互粘连的叶片撕开，从而促使叶片变色均匀，提高质量。

变色期由于叶片已晒干，每束叶片相距应在6厘米左右。

干筋期：主要目的是干燥主脉，促使叶色由黄转红。绳与绳、叶与叶互相靠近，可促使叶色转化。由于叶片已干，晚上推进棚的时间应稍迟一些，使其略吸露水，让叶片吸潮略软，一则避免碰坏，二则促进颜色和烟叶内含物质转化[这期间曝晒后让烟叶略吸露水，主要原因是什邡（晴天）下午空气相对湿度略微偏低，吸收露水可让烟叶夜晚在晒棚内阴晾时也拥有适宜的湿度条件，促进叶内物质转化]。

毛柳烟晒晾调制，通常顶叶主脉干燥需35天左右，中下部叶需30天左右。

下架回潮管理：烟叶下架前要收露回潮。回潮方法有三种，一种是下架前于晚上有露水时在架上露潮；另一种是下架前露水很小，在架上不能回潮的情况下，放在地上进行回潮；再一种是下架前几天无露水，傍晚将晒场地面泼湿，待地面无明水后，将烟绳放矮或卸下，放在地上吸潮。

回潮的标准是以手捏叶片微软而不碎为宜，然后将烟叶带绳卷裹成一个螺旋形收回。

第四阶段：烟叶发酵

晒干后的烟叶只是半成品，必须经过堆积发酵。发酵后的烟叶称为"白烟"，再经过加工上色才是成品。

发酵的目的：晒制的烟叶内含物尚未充分转化，色泽亦不够均匀，经过堆积提高温度，可进一步使烟叶内含物分解转化，并除去烟叶的生青气味，促使烟叶浓醇，减少辛辣味。此外，通过堆积发酵，可增强烟叶弹性及燃烧力。但发酵过度，则又会降低品质。

发酵的场地：发酵在干燥的房内进行。将烟叶堆积在离地面33厘米以上的木架上，架上需铺3—6厘米厚的干稻草，烟堆周围盖上草帘、棉衣、麻袋等覆盖物，以提高堆温。

发酵分三个步骤：

第一步，带绳烧堆。将下架裹成螺旋形的烟卷堆在烟架上，叶柄向外、叶尖朝内交叉堆，堆高170—200厘米，堆好后覆盖严实。经3—4天，手插入堆内感觉达到人体温度时，即应翻堆。翻时将上面的翻到下面，里面的翻到外面，然后再堆2—3天。

第二步，捆柄烧堆。将带绳烧堆后的烟叶由绳上解下，逐叶搓折，然后扎成1—1.5公斤一把，再叠起上烟架烧堆6—7天，若其间发现堆内温度过高，需再进行一次翻堆。

第三步，扎把烧堆。捆柄烧堆后，将烟

叶按部位长短及品质归类扎把，每把 0.5 公斤左右，再叠在烟架上烧堆。这次烧堆约 10 天左右。如发现水分过多或温度过高，则进行翻堆，直至水分达到规定标准（20% 左右），发酵完毕。

第五阶段：烟叶加工

在烟叶堆积发酵完成后，毛烟会利用糊米加工，柳烟会利用红米加工，进行第二次发酵，以清除堆积发酵后残留的青杂气，提高香味，减少辛辣味，增强燃烧力，促使颜色更加红亮，延长烟叶贮存养护醇化时间，进一步提升烟叶醇化品质。

毛烟糊米水加工的最佳季节是秋季的秋分至寒露，春季的春分至清明。

先将大米放入铁锅中炒约 15 分钟，每 50 公斤烟叶用大米 5—6 公斤。先中火炒至大米变成黄色，再大火，当大米膨胀成黑色团状时再中火，直至以手捏米心尚有一点未全部炒黑止。注意糊米只能炒糊而不能炒成"炭质"，否则会失去糊米的作用。若炒不透，则煮后黏性强，淋到叶片上将使烟叶粘结在一起，不易理顺而撕烂叶片。

糊米炒成后，随即翻到已准备好的热水锅内（5 公斤大米用 15 公斤水）熬煮 10 分钟左右，煮到水呈深褐色，进行过滤、冷却。用波美比重计测试，浓度在 8—10 度之间。糊米水中切不可渗入清水、食盐或油米等，否则将造成烂烟。

糊米水的温度按季节掌握，夏季气温高，水要全部冷却；冬季气温低，糊米水应温热至不烫手；春、秋微热即可。其目的是给予适当的温度以利于再发酵。淋时注意不可有糊米渣，否则也会造成烂烟。

淋好糊米水的烟把，立即堆放，严密覆盖。一般堆放 20—40 天，气温高时间短，反之则长。堆放 2—10 天后，以手插入感觉温热不烫手时即可翻堆（36—65℃）。第二、第三次翻堆间隔的时间逐渐缩短，直至堆内温度下降。

加工成品的检视标准是：手捏烟把感到有弹力，松手后能还原；手拿烟把叶尖向上竖立，叶片倒下缓慢；鼻闻无水气味；颜色红亮有光泽。

红米发酵法是什邡柳烟的一种传统发酵方法，主要适用于芯烟。此法的要点是将红米（每百公斤烟叶用 0.3—0.6 公斤，视烟叶等级与习惯不同而异）用开水发软，磨细成糯糊状，掺入 4—5 倍土茶叶水（红白茶）调匀，将此红米浆吹喷在已初步发酵（烧堆）、含水量为 15% 左右的烟把上，搓理后堆码在堆架上，让其自热升温，进行堆积发酵。发酵周期一般为 8—10 天，寒冷季节则要 15 天左右。发酵后的烟把，搓理后喷上 0.5% 左右的泸州老窖特曲酒，便打包成捆，再进行陈化。

延伸阅读

中古雪茄烟叶调制方式差异的气候因素
——以中国什邡、古巴比那尔·德·里奥为例

中国什邡、古巴比那尔·德·里奥都是两国顶级的雪茄烟叶产区，本书通过收集2018—2023年烟叶调制季节气象数据，运用大数据原理，分析了两地烟叶调制方式差异形成的气候因素，认为受自然气候条件限制，比那尔·德·里奥地区烟叶若采用晒晾调制，其品质必然不如什邡烟叶，反之亦然。

分析表明，什邡烟叶调制季节日最高气温为30—33℃、日温差为10—13℃、室外二三级风和单一方向来风的天数占比均显著低于晾晒调制所需的70%标准。

从整体上看，以中国什邡为代表的北纬30°内陆产区，应充分利用得天独厚的气候赋能，坚守传统晒晾调制技艺，强化工业发酵研究，巩固并扩大中国雪茄晒烟原料的品质和成本优势。

距今3000年前，生活在尤卡坦半岛的印第安人培育出了烟草等农作物，烟草因其突出的医疗效果、成瘾性特征逐渐在各部落之间传播流行开来，形成了独特的美洲烟草宗教文化、医学文化和消费习惯。1492年，哥伦布抵达美洲古巴海岸，发现了印第安人的烟草嗜好，并将烟草文化带回了欧洲；1500年，葡萄牙人发现巴西海岸，将烟草文化带到了非洲、亚洲，作为烟草制品的雪茄受到世界各国人民喜爱。

鲜烟叶采收后及时进行凋萎、变色、定色处理达到理想干燥状态的过程被称为烟叶调制，其主要目的是得到能长期贮存的优质烟叶。

中国雪茄烟叶传统上主要采用晒晾调制，利用晴天和阴天的阳光辐射能量在室外照射烟叶，提高烟叶和烟叶周围环境温度以达到最适宜烟叶调制的高温和温差条件，促进叶内物质转化，辅以阴雨天自然风晾[最佳自然风速为一二级（0.3—3.3米/秒之间）]完成叶内物质固定和干燥定色。成品烟叶含糖量比晾烟高，氮和烟碱含量低，所卷制的雪茄具有独特的醇和甘甜口感，无苦味，相比晾烟，香气种类更丰富、香气品质更佳。

古巴类雪茄烟叶传统上主要采用晾晒调制（新鲜烟叶采收后挂杆曝晒萎蔫后放入晾房阴干，如遇连续雨天，烟叶湿度过大，放晴后也会推出晾房进行曝晒；部分茄芯烟叶也采用晒晾调制），烟叶调制过程主要在晾房内进行，利用较高的自然环境温度、温差以及室外强劲风力和适宜的空气湿度，协同完成叶内物质转化、固定与干燥定色。成品烟叶含糖量低，氮和烟碱含量高，颜色较深，所卷制的晾烟型雪茄具有独特的浓郁口感。

鉴于晾烟型雪茄（古巴类雪茄）在国际市场上近乎垄断的文化影响力，部分消费者、从业人员将更多资源和精力倾注于晾烟研究，对中国雪茄传统原料优质晒烟的研究关注度有所下降。目前，国内外关于晾烟、晒烟的研究更多关注烟叶理化性能、工业调制等，对烟叶农业调制的气候适应性研究不多。

本文尝试运用气象数据分析中古两地烟叶农业调制方式差异背后的气候因素，指出改变中国雪茄烟叶核心产区晒制传统可能带来的主要风险，并就如何进一步抓好国产烟叶原料保障提出几点思考。古巴采用比那尔·德·里奥地区的气象数据，中国采用什邡地区的气象数据。

一、中古雪茄烟叶核心产区调制季节的气候情况

中国什邡位于北纬30°线上，属亚热带湿润季风气候，烟叶生产核心区在龙门山中段东南侧向阳平原之上，烟区海拔550—650米。3—5月受印度洋季风影响，6月为印度洋和太平洋风转换季节，7—9月受太平洋季风影响。经过数百年的实践经验积累，什邡烟农将大田生长期确定为大春早季，惊蛰到春分进行大田移栽，清明前完成查苗补缺，5月底开始第一次采摘，6月下旬完成最后一次采摘，烟叶调制期为6—7月。

古巴比那尔·德·里奥省位于北纬22°线上，属热带雨林气候，全年分旱季和雨季，11月至次年4月为旱季，烟叶种植区大多在海拔250米左右。按照传统，每年10月下旬育苗播种，11月下旬大田移栽，次年2月底开始第一次采收，农业调制窗口期为3—4月份。

为了便于比较，这里将多云、多云转晴、阴转雨、多云转雨、阴天、多云转阵雨统计为阴，小雨、小雨转多云、小雨转晴、小雨转阴、雨统计为雨，晴转雨、晴、晴转多云、晴转阵雨、晴转雷阵雨统计为晴。本文所用数据时间跨度为6年，涵盖2018—2023年中国什邡6—7月366天的气象数据、古巴比那尔·德·里奥3—4月366天的气象数据，包含天气、日最高气温、日温差、风速、风向等6大指标（因缺乏比那尔·德·里奥地区的空气湿度数据，不做两地湿度对比分析）。

产业界普遍认为，在自然环境条件下进行烟叶调制，其品质是由众多气候因素共同作用的结果，要收获优质的成品烟叶，自然环境高温、温差、风力、风向、天气、湿度等都是极为关键的气象指标。中国什邡、古巴比那尔·德·里奥都是世界顶级雪茄烟叶产区，它们利用独特的气候赋能，采取了两种截然不同的烟叶调制方式。为了探索背后的气候因素，本文运用大数据基本原理，假设两地烟叶调制期间某项气象指标波动范围最小且合计天数占比达到70%以上，则该指标波动范围就是不同调制方式下各自所需的最适宜气候条件。

1. 2018—2023 年中国什邡、古巴比那尔·德·里奥烟叶调制季节日最高气温、日温差分布情况

烟叶调制季节，中国什邡 6—7 月份日最高气温为 27—33℃ 的天数是 272 天，占比 74.3%；日温差为 5—10℃ 的天数是 269 天，占比 73.5%（见表1）。

3—4 月份，古巴比那尔·德·里奥日最高气温为 30—33℃ 的天数是 265 天，占比 72.4%；日温差位于 10—13℃ 之间的天数是 266 天，占比 73.0%。

2. 2018—2023 年中国什邡、古巴比那尔·德·里奥烟叶调制季节风向分布

6—7 月份，中国什邡地区东、东北、东南等东向来风天数最多，合计 181 天，占比 49.5%。户外露天晒制没有特定风向要求。

3—4 月份，古巴比那尔·德·里奥地区东南、东、东北等三个东向来风天数合计 293 天，占比 80.1%，占绝对主导地位（见表2）。

3. 2018—2023 年中国什邡、古巴比那尔·德·里奥烟叶调制季节天气、风速分布

6—7 月份，中国什邡晴天合计 50 天，占比 13.7%，阴天与雨天合计 316 天，占比 86.3%（其中阴天 244 天，占比 66.6%）；一二级风（风速低于 3.3 米/秒）合计 349 天（一级风：二

表1 烟叶调制季节日最高气温、日温差分布表

最高气温（℃）	35（含）以上	34	33	32	31	30	29	28	27	26	25	24（含）以下
什邡（天）	19	16	27	38	47	45	45	36	29	32	10	21
比那尔·德·里奥（天）	10	17	50	75	79	58	25	20	13	10	1	2
日温差（℃）	14（含）以上	13	12	11	10	9	8	7	6	5	4	3（含）以下
什邡（天）	2	1	13	14	23	36	53	43	52	48	37	43
比那尔·德·里奥（天）	15	27	65	65	89	48	37	14	3	1	1	0

表2 烟叶调制季节风向分布

风向	东	东北	东南	南	北	西	西南	西北
什邡（天）	46	109	26	47	30	30	57	21
比那尔·德·里奥（天）	30	92	171	22	16	2	17	16

表 3　烟叶调制季节天气、风速分布

天气	晴	雨	阴	风速（级）	0	1	2	3	4	5
什邡（天）	50	72	244	什邡（天）	0	105	243	17	0	0
比那尔·德·里奥（天）	195	69	102	比那尔·德·里奥（天）	10	11	150	177	17	1

级风约等于1∶2），占比95.4%（其中二级风占比66.4%）。

3—4月份，古巴比那尔·德·里奥晴天合计195天，占比53.3%，阴天和雨天占比46.7%。采用室内风晾对天气没有特定要求。二三级风合计327天，占比89.3%（其中三级风占比48.3%）（见表3）。

从以上中古两地气象数据的整体情况看，中国什邡能获得优质的雪茄用晒烟，在于烟叶调制季节自然气候同时满足了以下四项条件：最高气温为27—33℃（占比74.3%）、日温差为5—10℃（占比73.5%）、阴天和雨天（占比86.3%）、一二级风（占比95.3%）等的合计天数占比均达到70%以上。鉴于什邡是全球顶级的雪茄晒烟产区，也可以说，一个地区只要满足以上气象条件就适合采用户外晒晾法进行烟叶调制。

古巴比那尔·德·里奥能获得优质的雪茄用晾烟，在于烟叶调制季节自然气候同时具备了以下四项条件：最高气温为30—33℃（占比72.4%）、日温差为10—13℃（占比73.0%）、东向来风（含东北、东南）（占比80.1%）、二三级风（占比89.3%）等的合计天数占比均达到70%以上。鉴于古巴是全球顶级的雪茄晾烟产区，也可以说，一个地区只要满足以上气象条件就适合采用室内阴晾法进行烟叶调制。

综合中国什邡、古巴比那尔·德·里奥烟叶调制季节的气候条件，在不考虑空气湿度的情况下，要得到优质的成品烟叶，调制期烟叶所处环境必须同时满足以下三个条件：日最高温为30—33℃、日温差为10—13℃、一二级风的合计天数占比均达到70%以上。

二、中古雪茄烟叶调制方式差异的气候因素

农业生产尤其是农作物生产具有高风险。农民选择耕种什么作物、什么时间耕种、什么时间收获，环境影响甚巨，非人力所能左右，都是在长期总结自然规律基础上"十拿九稳"能获得优质高产的情况下才会投入。合理运用自然条件，以最小代价赢得最大收益才能实现可持续发展。烟叶调制每一步都需要借助自然力量，达到特定技术标准后才能进入下一环节，是一个耗费时日的缓慢变化过程，快不得、慢不得，只有各环节都恰到好处，才能收获理想的优质烟叶，自然环境温度、天气、风能与湿度的最大化利用都是关键。

1. 中国什邡烟叶采用晒制法的气候因素

与古巴比那尔·德·里奥地区优质晾烟调制所需的气候标准相比，中国什邡6—7月份在以下三个关键性气候指标上显著偏低——日最高气温为30—33℃的天数占比（44%）、日温差为10—13℃的天数占比（23.5%）、单一方向来风的合计天数占比（49.5%）均未达到调制优质晾烟所需的70%标准，晾烟调制的自然条件不够优越。但中国什邡和煦适宜的阳光、低且稳定的风速、阴天主导的自然环境让这里成为世界顶级的晒烟产区：

一是和煦适宜的阳光。在烟叶调制季节，什邡晴天占比仅为13.7%，光照和煦而不暴烈[高温主要集中在27—33℃（天数占比74.5%），普遍较比那尔·德·里奥低2—3℃]，实测数据显示，依靠阳光辐射热能可以将晒场

烟叶和烟叶周围环境温度提高2—5℃，让烟叶所处环境温度达到自然调制的适宜温区（30—33℃），同时提高了烟叶调制环境温差，拓宽了叶内物质生化反应适温范围，能获得种类更多、品质更优的香气物质，并促进叶内物质转化、变色、定色和水分均衡消散（在什邡，晒场如果因阳光曝晒整体温度超过35℃时，烟农会展开晒场上方的遮阳网，变晒烟为烘烟）。

二是稳定持续的轻软风力。什邡一二级风天气占比超过95%（其中二级风占比66.4%），稳定且持续的轻软风力不仅可以均衡有效地穿透晒场，带走富集在烟叶周围的湿气，还有利于降低晒场烟叶温度，避免局部烟叶因曝晒升温增湿过大带来损伤，这一地区极少因风力出现排湿过快或不畅问题。

三是天气以阴天为主导。阴天占比达到66.6%，晒场风晾不仅让叶内物质转换和生化反应过程变得和缓，避免了采用室内风晾容易出现堵棚烧架和烟叶生霉发烂，以及室外连续曝晒时间过长可能造成烟叶油分不足、色泽变浅等弊端，让变色期和定色期的管理更可控，更容易得到高品质烟叶（晴晒∶晾=1∶6左右，雨天室内风晾）。

此外，采用露天曝晒风晾只要场地通风条件好即可，对风向稳定性要求降到了最低，巧妙地克服了什邡风向稳定性差的难题。晒场搭建晒棚主要用于夜晚、雨天烟叶的室内风晾，降低夜晚露水过度回润、雨天对烟叶品质的影响。

2. 古巴比那尔·德·里奥烟叶采用晾制法的气候因素

与中国什邡地区优质晒烟调制所需的自然气候环境条件相比，古巴比那尔·德·里奥3—4月份烟叶调制季节在以下三个关键性气候指标上显著偏低——阴天与雨天合计天数占比（46.7%）、一二级风合计天数占比（44.0%）、日温差5—10℃合计天数占比（28.7%）均未达到调制优质晒烟所需的70%标准，烟叶晒制自然条件不够优越。但烟农通过搭建遮风、遮阳、遮雨的晾房，巧妙地利用环境温度高、温差大、风向稳定性好、风力大的自然条件，让这里成为世界顶级的晾烟产区。

一是持续稳定的适宜温度、温差条件。环境高温天气在30—33℃区间不仅有利于烟叶内含物质分解、转换，也有利于水分均衡缓慢释放，能让烟叶获得更高的品质。3—4月份，比那尔·德·里奥地区高温天气30—33℃的天数占比达到了72.4%；日温差10—13℃的天数占比达到73%，让烟叶能在更宽的温度范围内进行生化反应，生成更多的香气物质。

二是持续稳定的风向结构为晾房科学布局、最大化利用自然风能提供了基础。半封闭

第二章 中国晒晾烟雪茄烟叶原料叙事体系构建

晾房要顺利引入自然风力实时调节室内温湿度，要将门窗设置在迎风正面。统计显示，比那尔·德·里奥地区3—4月份以东向风为主导的天数占比达到80.1%，晾房坐西向东就能实现自然风力的最优利用。

三是强劲自然风力能为半封闭晾房提供持续稳定的轻软风环境。比那尔·德·里奥地区3—4月份二三级风天数占比89.3%，其中三级风的天数占比达到了53.3%，烟农控制门窗开启节奏，可将室外强劲风力转化为室内一二级的轻软自然风，为烟叶调制提供稳定的适宜风力环境。

古巴比那尔·德·里奥地区采用室内风晾，不仅有效规避了晴天占比过高、风速较大等对晒烟调制不利的因素，还将其转化为烟叶阴干风晾调制的有利条件。

可以看出，中国什邡、古巴比那尔·德·里奥两地烟叶采取不同的调制方式，都是源于各自得天独厚的气象赋能，以最小代价获得最佳品质。如果比那尔·德·里奥地区烟叶放弃晾制而采用晒制，获得的成品品质必然不如什邡烟叶，反之亦然。

邡实景

古巴索晒烟
（图片来自
Kulturpflanzen der Weltwirtsvhaft，314页）

三、中国什邡烟叶调制由晒改晾可能产生的风险

不同地区烟叶农业调制方式的选择，都凝结着数百年来烟农对气象规律和烟叶调制实践经验的总结，贸然改变必然带来较低的品质、更高的成本，甚至会危及优质烟叶原料供应。中国优质晒烟传统产区烟叶调制方式由晒改晾，相较于国外自然调制的优质晾烟原料，将带来以下三方面的风险：

1. 烟叶品质下降

什邡如果采用室内晾制，必然需要建造专用的固定晾房，人工模拟优质晾烟产区晾房的自然环境，这至少会在三个方面导致成品烟叶品质面临较大的下降风险：

一是晾房室内烟叶受风均衡性不及比那尔·德·里奥地区晾房。什邡地区6—7月份自然风力较弱（一二级风占比超过95%），进入半封闭晾房后几乎转为软风和静止风，容易导致晾房欠风，出现烟叶堵棚烧架（尤其是凋萎期）。因此，必须在晾房内设置风机进行送风、排风。这种方式会产生局部风力过大，同时其他地方风力较小甚至无风的现象，烟叶受风控湿的整体均衡性不足，局部烟叶容易因温度高、湿度高发生霉变甚至腐烂。

二是晾房布局的科学性、通风透气性不及比那尔·德·里奥地区晾房。与比那尔·德·里奥地区东向来风占比达到80%相比，什邡地区东向来风占比不足50%，任何朝向布局都达不到比那尔·德·里奥地区对自然风力的利用水平。同时，为了使晾房内具有较好的恒定的风向与风力环境，需采用密封性能较好的材料与工艺建造晾房，晾房与外部环境的通风透气性能下降，意味着雪茄烟叶品质也面临下降风险。

三是晾房内控温均衡性不及比那尔·德·里奥地区晾房。在烟叶调制季节，比那尔·德·里奥地区的高温主要集中在30—33℃、温差主

▼ 国内拟主推晾房实景图

要集中在 10—13℃，天数占比分别为 72.4% 和 73%，烟叶在自然状态下大多数时间都处于叶内物质转化和水分消散的适宜区间。而什邡相同的指标天数占比分别为 44% 和 23.5%，需要通过人工干预进行调温才能让晾房环境处于烟叶调制的适宜高温和温差区间。很明显，离热源近的烟叶，其温度会高于离热源远的，环境温度分布不均必然影响烟叶品质的均衡性。

同时，人工干预烟叶调制，也违背了雪茄烟叶原料采用自然调制的固有传统。

2. 烟叶调制成本上涨

与传统晒烟调制和古巴等地传统晾房调制相比，如果将什邡的室外晒晾改为室内风晾调制，必须搭建固定建筑用作晾房，不仅会降低土地利用率，还会在以下三个方面增加额外成本：

一是需要投入额外的成本用于建设遮阳遮光的晾房设施，还要运用密封效果更好的建筑材料与工艺，让晾房具备较好的人工送风、排风、排湿效果；

二是环境高温、日温差、自然风力、空气湿度偏低，在半封闭的晾房内，需要投入额外资金购买、安装、运营增温增湿以及送风排风设施，才能达到烟叶室内调制管控标准；

三是与传统晒烟耗时 30 天左右相比，采用室内晾制普遍耗时 45 天左右，人力成本增加。

什邡雪茄烟叶如果由传统的晒制改为晾房调制，将丧失成本优势。

3. 优质国产烟叶原料保障稳定性下降

美洲烟草进入中国之后，迅速在内陆各地得到推广，逐渐成为土产。在烟叶调制上，烟农利用当地独特的光照、环境、温度、风力资源优势，采用阳光曝晒的晒烟调制方式逐渐占据了绝对主导地位，并形成了系统的调制方法与理论论述，也培育出了种类繁多的中国晒烟特色品种。1894 年中日甲午战争失败后，面对日益加深的中国传统文化危机和国家危机，一些有识之士开始探索新的思想和文化，提倡民主与科学，许多知识分子开始翻译、介绍西方文化，以推动中国社会的进步与发展。

农业生产是社会经济的重要一环，部分具有实业救国情怀的知识分子翻译和介绍国外农业专业书籍，介绍烟叶栽种、调制方法和理论成为重要内容之一。例如，1900 年陈寿彭译、北洋官报局校印的《淡芭菰栽制法》，1909 年黄毅编译、新学会社发行的《农产制造学》，1937 年何庆云编著、黎明书局出版的《实用农产制造学》等著述中都有介绍国外优质晾烟调制方法和理论的内容。但鉴于高昂的生产成本以及低下的成品品质，晾烟调制方式最终被烟农抛弃。根据 1955 年余学熙编著、科学出版社出版的《烟草》一书记载，这一时期除广西武鸣外，其他地区烟农基本放弃了晾烟生产。同时，以中国什邡为代表的世界顶级晒烟产区，因地制宜开启了晒烟型雪茄的创新探索历程，开创了糊米发酵、醇味发酵、"132 秘制发酵"等以中国特色晒烟为基础的制作技艺，在风格特征上实现了与晾烟型雪茄的区隔，赢得了诸多国内国际荣誉和消费者喜爱，初步构建起中国晒烟型雪茄坚实的晒烟原料话语权和保障体系。

1970 年左右，为紧跟世界卷烟发展潮流，中国开始发展混合型卷烟，并在湖北恩施、重庆万州一带尝试引进白肋烟，主推室内晾制。随着混合型卷烟的发展，白肋烟迎来了又一高峰，1985 年仅湖北白肋烟收购量就突破 48 万担，此后逐渐萎缩。1999 年，全国评烟委员会在《混合型卷烟的市场需求前景及我国发展混合型卷烟的对策》中指出，国产晾制白肋烟与进口白肋烟相比，特征香气不明显、香气量少、烟气粗糙且不丰满、成团性差、劲头偏大、呛刺感强，从而导致国产混合型卷烟烟香不足、烟气单薄欠醇厚、口感较差。随着对国产晾烟品质研究的不断深入，2002 年，全国评烟委员会在全面分析了国内外卷烟产品的特点及对消费者的影响后，提出了我国卷烟产品发展方向和对策，认为我国卷烟产品应坚持走低焦油、低危

某一区域也,今分述如后:

一、什邡型索烟——川省多地均产烟,以什邡徐家场为最著,因其调制时乡民以绳索上晒乾而得名,俗捅叶子烟或因其制成品出卖时仍保持烟叶之原形,故袭家对于索烟除栽培收获外,尚须加以一部分之剋造,即发酵。因之与与直接将发酵后之烟捲成雪茄烟或诸烟管而立可售味,且携带方便,亦需包装,味浓而不易霉烂,为我旺西北西南一带农民及劳工最嗜尚之烟也。中心产区为新都什邡彭县新繁崇宁多县之郫县竹广汉金堂濛县棠庆双流成都新津坊山眉山青神乐山夾江等县之一部属之,尤以新都督桥河一带品质特佳,前清引为贡品,此外举凡楢烟产区以外之零星种植多县皆属之,又什邡新都之烟大半以金堂之曹家镇为运销中心,故通称金堂烟,卖则金堂全境多山产烟甚可也。

1937年四川大学刘绍琮《四川烟草之生产与运销》手稿

刘钟祥等 混合型卷烟的市场需求前景及我国发展混合型卷烟的对策

全性卷烟、解决吸烟与健康之间的矛盾方面，混合型卷烟应该说是比较成功的。

2 我国发展混合型卷烟已具备良好的外部环境和市场需求前景

2.1 充足的晾晒烟资源

虽然我国白肋烟和香料烟品质水平有待改良，但是其它晾晒烟品种资源较丰富，一些名优晾晒烟早已驰名中外，其中绝大部分可以作为混合型卷烟的原料。这些名优晾晒烟的外观品质较好，内部化学成分协调，烟碱含量高，烟气总微粒量低，是很好的混合型卷烟原料。

2.2 一定的市场基础

据统计，在我国3亿多烟民中，40岁以下的占60.99%。这部分烟民将是我国混合型卷烟的主要消费群体，他们思维活跃，具有较强的尝试心理和适应性，同时这部分烟民绝大部分是从80年代以后开始吸烟的，这也是美式混合型卷烟大量进入我国卷烟市场和国产混合型卷烟规模发展的时期。市场上大量的美式混合型卷烟和国产混合型卷烟给他们了解和消费混合型卷烟的机会，很多人已经完全适应了混合型卷烟的各种特性。

2.3 有一批国产混合型卷烟

混合型卷烟在我国的发展时间虽然不长，但已涌现了诸如都宝、金桥、羊城等一批国产混合型卷烟精品，它们以其稳定的质量、醇厚的吃味、牢固地占领国内部分市场，颇受国内卷烟消费者的青睐。这说明发展国产混合型具有一定的技术基础和市场基础。自80年代以来，特别是近几年，国内许多烟厂开始加大对混合型卷烟的研制力度，加强对白肋烟处理的研究，大做开发研制混合型卷烟的基础工作，这不能不说是一个较大的进步。

2.4 改革开放的大环境

目前我国实行改革开放的政策，中外交流的机会越来越多，美式混合型卷烟成功和发展的烟草文化将在一定程度上影响国内的烟草行业。同时，在如今这个巨大的国际市场中，我国烟草行业若不能参与国际竞争只能是死水一潭，毫无出路。所以，开放的大环境给我们提供了更多的机会去学习和借鉴别人成功的经验，同时也促进我们必须充实自己的力量，以便迎接未来激烈的国际大市场的竞争。

3 当前制约我国混合型卷烟产品发展的几个主要问题

我国烟草行业在过去近20年的时间内投入了大量的人力、物力、财力致力于混合型卷烟生产的技术改造和科技攻关，技术装备已趋近世界先进水平，部分技术问题有所突破，一批品牌已稳固地占有一定的市场份额。但就产品质量的总体水平而言，与发达国家相比仍存在较大差距。主要表现在：(1) 焦油量相对较高且不稳定：据调查美国及欧共体国家混合型卷烟平均焦油量均在 12mg/支以下，日本更低约为 10mg/支以下；我国的混合型卷烟焦油量约为 16mg/支左右。(2) 感官质量较差：典型的混合型烟香不足，烟气粗糙、不饱满，柔和性差、干燥感强、口感严重不适，抑制了人们的吸烟欲望。形成这一差距的因素是多方面的。

3.1 白肋烟质量较差

白肋烟是混合型卷烟必备原料之一，其吸味品质对混合型卷烟的感官质量起着决定性作用。特别是白肋烟特征香气的明显程度将直接影响着混合型卷烟的烟香。研究表明，我国白肋烟质量与国外相比存在感官质量较差和化学成份不协调的问题。

评吸结果表明：国产白肋烟与进口白肋烟，尤其是与美国白肋烟相比特征香气不明显，香气量少，烟气粗糙且不丰满，成团性差，劲头偏大，呛刺感强，从而导致混合型卷烟烟香不足，烟气单薄欠醇厚，口感较差；在混合型卷烟配方设计过程中，设计人员往往通过加大白肋烟用量来解决上述问题，但事与愿违，烟香与口感非但没有得到有效的改善，反而带来劲头强度增加，呛刺感增强等新的问题。

烟叶的感官质量取决于烟叶的化学成份。与白肋烟感官质量相关的化学成份很多，但最主要的总氮与烟碱的比值。Dale A·Hill 在论述烟叶质量与化学成份时曾明确指出：对于白肋烟而言，因为调制得当的白肋烟很少有糖分，因此用总糖/烟碱来评价烟叶的感官品质并不适合于白肋烟。测试结果表明，国产白肋烟总糖含量明显高于进口白肋烟，约为美国白肋烟的2~3倍。评价白肋烟感官质量的最重要指标应是烟叶中的总氮/烟碱。较合适的比值范围为1~2，过低香气不足，烟气欠丰满，成团性差；过高则香气质较差，强度弱，余味欠适。国产白肋烟与美国白肋烟相比，总氮含量相当，但烟碱明显较高，约为美国白肋烟的两倍，美

因国产白肋烟（晾烟）品质低下，中式卷烟最终选择烤烟型卷烟
（《中国烟草学报》1999年第5卷第2期）

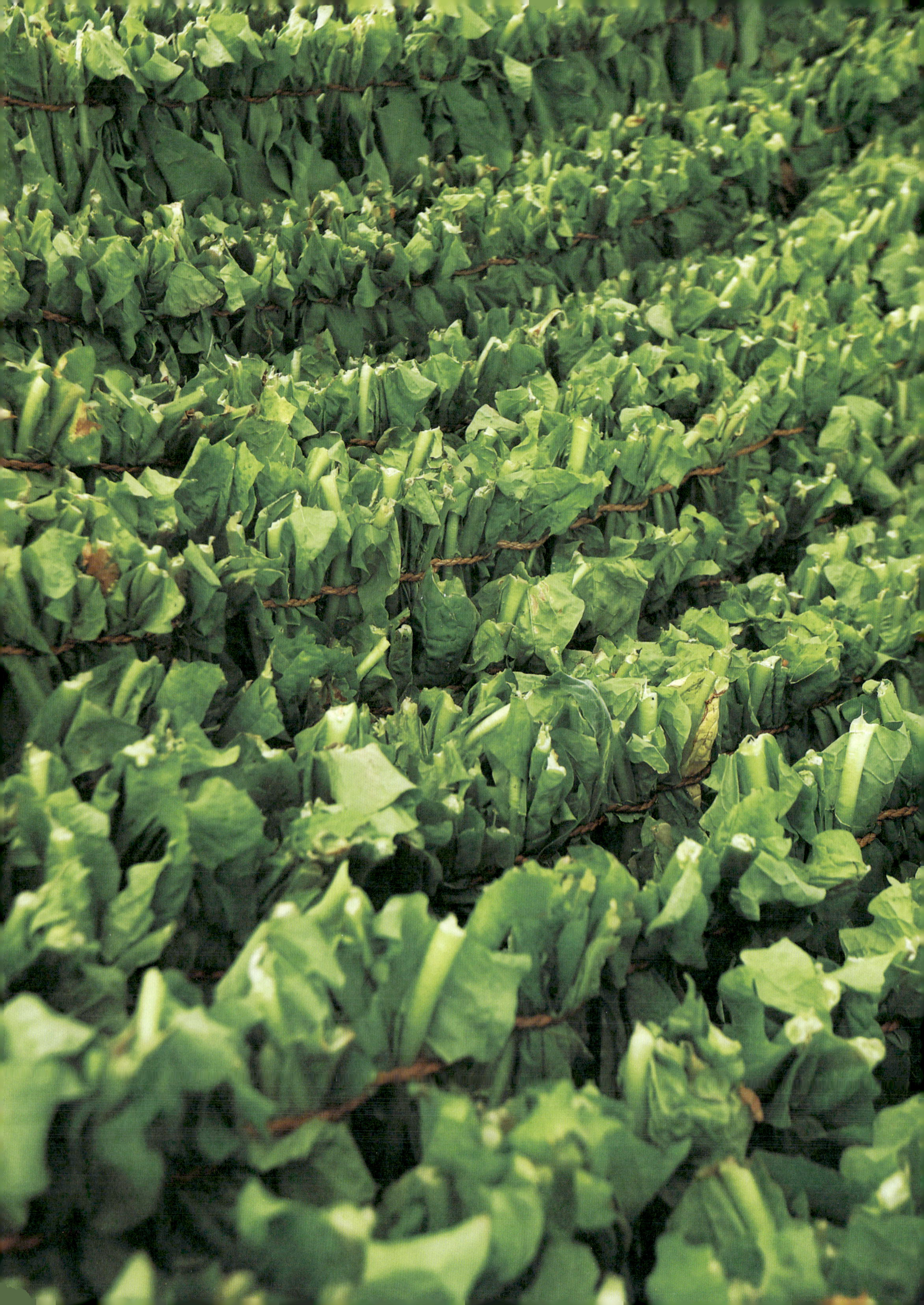

害卷烟之路，发展低焦油烤烟型卷烟。随后不久，中式卷烟正式被确定为烤烟型卷烟。100多年的国产晾烟发展实践表明，在中国内陆烟叶主产区不具备晾制世界顶级晾烟的自然环境条件，依靠人力干预营造晾房环境不仅成品品质差，而且成本高昂。

可以看出，以中国什邡为代表的不具备优质晾烟生产气候条件的烟叶产区，如果大范围推进雪茄烟叶由晒改晾，不仅会丧失原有的晒烟原料品质与成本优势，还会危及国产雪茄优质烟叶原料供应的稳定保障。

四、关于中国晒烟型雪茄烟叶原料保障的思考

通过收集整理2018—2023年中国什邡、古巴比那尔·德·里奥地区烟叶调制季节的气象数据，分析两地烟叶调制的不同做法背后的气象因素，针对国产雪茄烟叶原料保障，本文提出以下几点思考：

一是中国雪茄烟叶原料调制方式应遵循因地制宜原则，要高度重视和尊重几百年农业生产经验基础上形成的调制传统。通过分析历史气象数据可以发现，至少在以中国什邡为代表的北纬30°（北纬25°线及以上）内陆雪茄烟叶主产区，因其调制季节固有的高温天气占比低、温差小、自然风速低等因素，不适宜采用室内晾房进行烟叶调制。要继续发挥自然条件优势，坚守传统晒晾结合的方式不动摇，以保证独具中国特色、世界顶级晒烟原料的品质优势、成本优势，赢得国产雪茄烟叶原料话语权，开辟新赛道，开创新品类，实现中式晒烟型雪茄与古巴类晾烟型雪茄的错道竞跑。

二是加强国产晒烟原料基础研究，进一步提高晒烟品质与可用性。在雪茄烟叶调制环节，要进一步加强晒场烟叶周围环境温湿度控制、光照强度和时长调节、风速和风向利用等与晒烟品质形成核心要素的关联性研究，进一步提升晒烟品质。着力强化晒烟工业发酵环节应用与基础研究，提高晒烟可用性，发挥好科技创新在晒烟原料保障中的关键支撑作用，将晒烟作为中国雪茄烟叶原料研究投入的主方向、主战场。

三是立足参与国际雪茄大市场竞争，做好国产晾烟原料保障研究。在国际雪茄市场，古巴类晾烟型雪茄占据了95%以上的市场份额，中国雪茄产业要在立足高质量发展、打造传统中式晒烟型雪茄内循环的同时，积极探索晒烟与晾烟相互结合的新路径，增强中国晒烟型雪茄风格特征兼容性，参与国际大市场竞争。在国产晾烟原料保障上，应总结古巴、多米尼加等中美洲优质晾烟产区的气候环境，围绕北纬20°信风方向稳定性较强的烟叶产区，挑选具备相似高温、温差、风力、风向、天气与湿度的地区进行纯晾烟自然调制探索研究。

参考文献

[1] 白远良. 中国烟草发展历史重建——中国烟草传播与中式烟斗文化[M]. 北京：华夏出版社，2022：20—22.

[2]Definition of cigar[EB/OL]. Cigar | Definition, History, Size, & Color Classification | Britannica.

[3] 郑昕，史宏志，杨兴有等. 不同调制方式对万源晒烟化学成分含量的影响[J]. 烟草科技，2018（051）：17—23.

[4]Cuban Cigars & Tabacco Cultivation in Cuba [EB/OL]. Cuban Cigars & Tabacco Cultivation in Cuba（anywhere.com）.

[5]Historical weather in Shifang [EB/OL]. https://lishi.tianqi.com/shifang.html.

[6]Historical weather in Pinar del Río [EB/OL]. https://www.guowaitianqi.com/h/Pinar del Río.html.

[7] 全国评烟委员会. 混合型卷烟的市场需求前景及我国发展混合型卷烟的对策[J]. 中国烟草学报，1999（02）：42—48.

OFFICERS' QUARTERS, PROVISIONAL BATTA

ROYAL MARINES, ON THE WALLS OF CANTON.

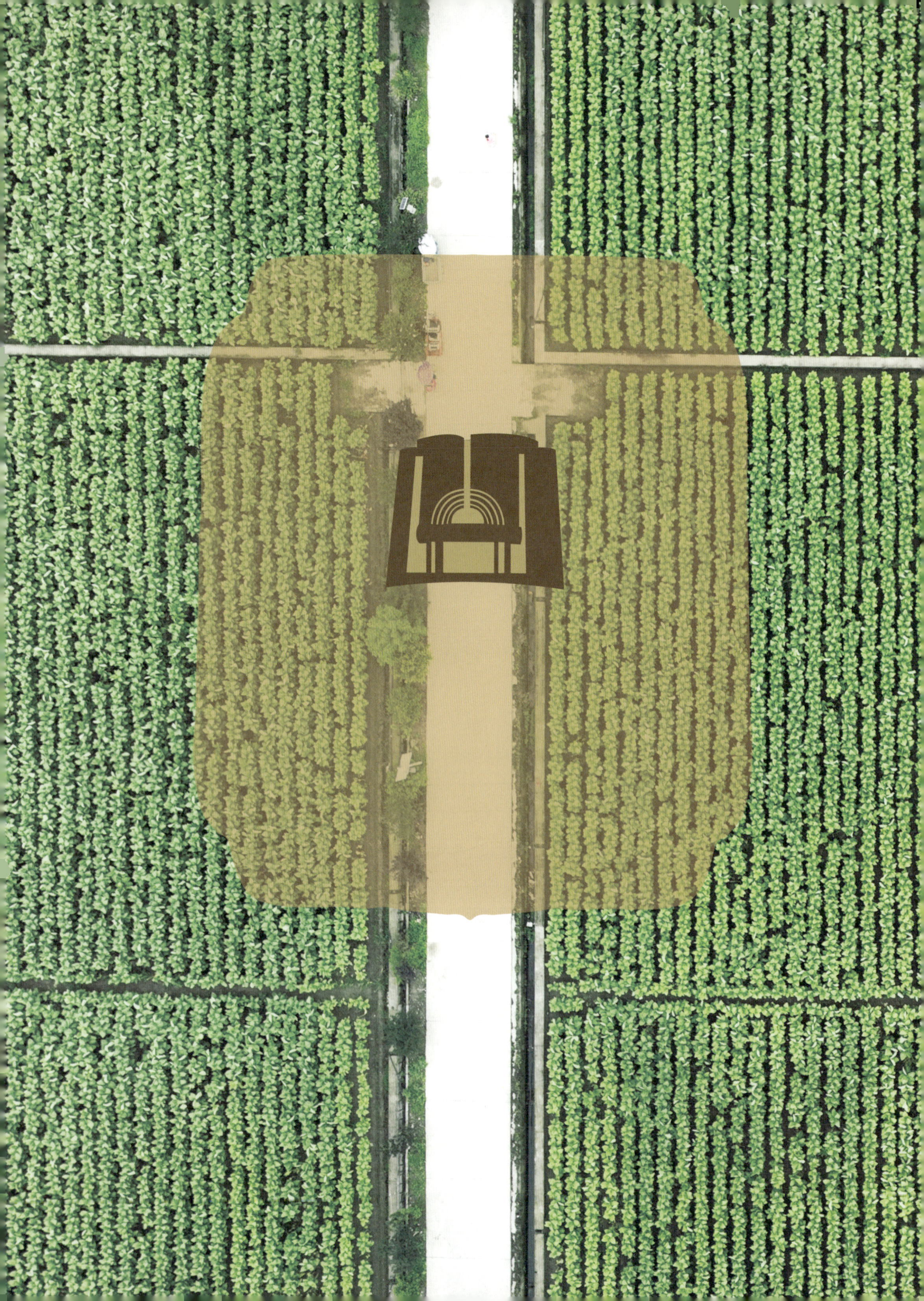

第三章

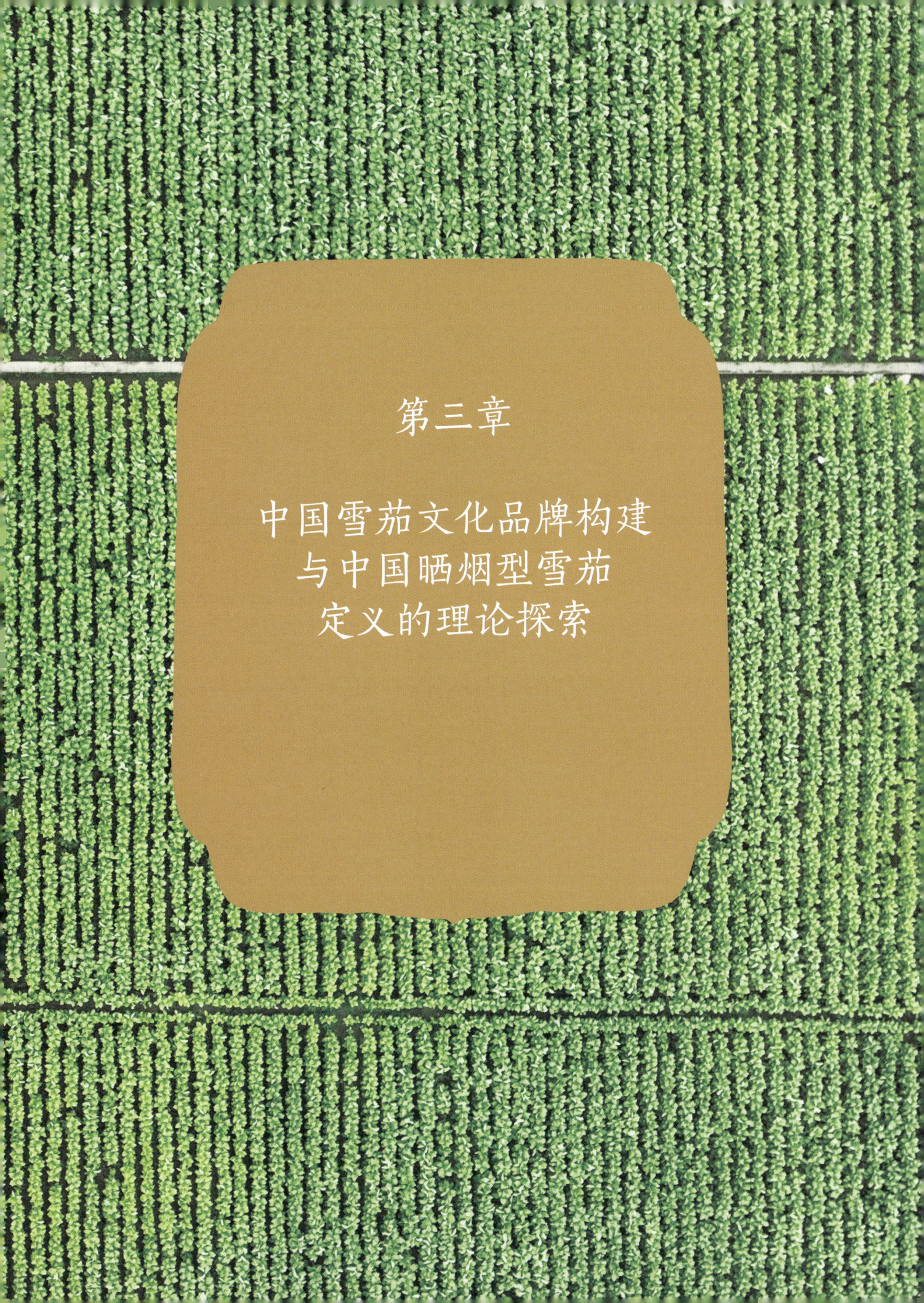

中国雪茄文化品牌构建与中国晒烟型雪茄定义的理论探索

第一节
中国雪茄兴盛于19世纪末、20世纪初的原因

在尼古丁的成瘾性和商业规律的影响下，1492年哥伦布发现美洲后，美洲烟草开始了在全世界的传播。随着产量的增加和品质的提升，雪茄制品在欧洲地区的发展大致经历了以下时间路线：16世纪开始流行于底层民众中间；到19世纪初（1803—1815年），拿破仑发动一系列战争，推动了雪茄在欧洲大陆中上阶层中间的风行；1880年美国人J.A.邦萨克发明纸卷连续成条分切卷烟机后，纸卷卷烟开始逐渐替代雪茄。

1500年，葡萄牙发现巴西；1508年，美洲烟草从塞古罗港被带到印度果阿，开始了规模种植；1514年左右，随着葡萄牙人乔治·阿尔瓦雷斯等登陆广东海岸，美洲烟草文化开始进入中国大陆，1524年左右首先在福建开始了规模种植，随后沿着传统商路向中国内陆渗透，到17世纪初叶，美洲烟草已进入湖北、山东、安徽、四川等地的商业重镇。随着明末清初的农民起义和清朝统一战争的推进，美洲烟叶完成了在中国的普及并成为各地土产，得到广泛种植。这一时期，低次等烟叶主要被社会底层民众制成雪茄抽吸，中上等烟叶则被制成旱烟丝，以及在温补理论推动下发展起来的水烟（皮丝烟）。

17世纪中叶开始，随着清政府的建立，基于宗教信仰以及清宫廷对鼻烟壶艺术的推崇，上等烟叶制成的鼻烟逐渐成为除旱烟、水烟之外供中上阶层消费的第三大烟草制品，并得到了广泛发展。因价格昂贵，鼻烟在中上阶层盛行一时，清宫廷常将鼻烟、鼻烟壶、烟荷包赏赐给有功于国家、朝廷的人员，使其成为一种身份和地位的象征。直到19世纪中叶，鼻烟的需求盛景才因为新事物的出现而发生改变。

19世纪中叶鸦片战争爆发，清政府同列强签订了一系列不平等条约，如《南京条约》（又称《江宁条约》，1842年）、《虎门条约》（又称《五口通商附粘善后条款》，1843年）、《天津条约》（1858年）、《长江各口通商暂定章程》（1861年）等，英、法、美、俄、德、丹麦等列强获得了在中国自由通商、开设领馆、自由定居和旅行的权力，在欧美地区风行的雪茄也随着这些国家的商人、士兵、商业运输人员、传教士及其家属到了中国各地。这些雪茄除了部分用于自己享用之外，还被他们用于招待客人、对外销售获利。在他们的引领下，国人也开始纷纷效仿，上等烟叶制成的雪茄也开始了在中国中上阶层的传播和普及进程。

在雪茄烟叶及其制品免税待遇的支持

英法官兵在广州抽吸雪茄 ▶
（铜版画，秦风编著《西洋铜版画与近代中国》）

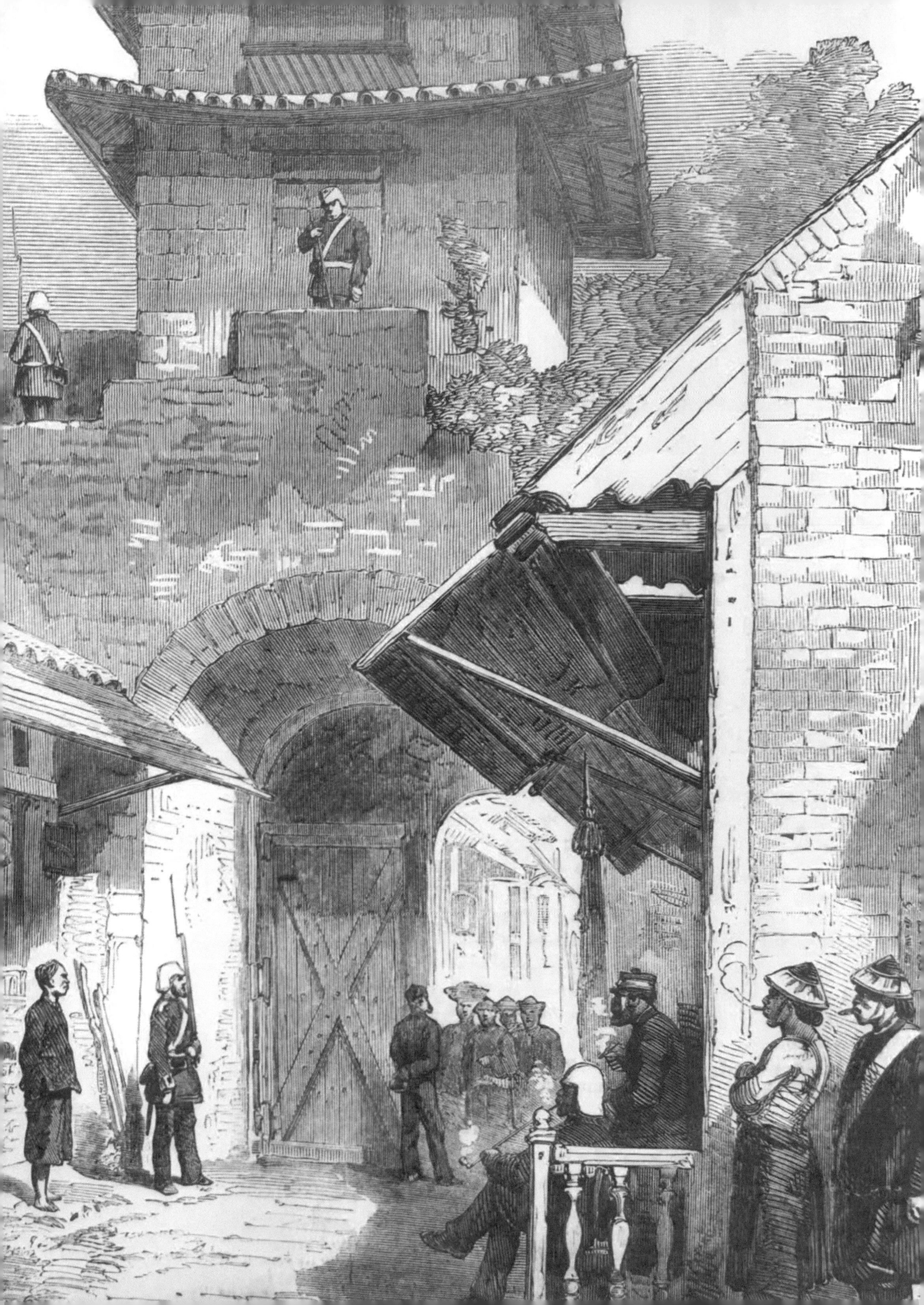

下，从 1860 年开始，吕宋烟（雪茄或烟叶）、哈瓦那雪茄开始蜂拥进入中国，在 19 世纪末达到顶峰后逐步下降，到 20 世纪 20 年代末的 1929 年，仍然高达 1581 万支。与此同时，国内民族雪茄商业生产也从零起步逐步发展。在洋务运动"自强求富"思想的影响下，重商主义应运而生。随着政府政策的转变和民族意识的觉醒，各地烟草商人积极创办雪茄作坊，开办民族雪茄实业。例如：1895 年，吴甲山在四川中江开办了雪茄作坊，后并入益川工业社；1897 年，安徽蒙城雪茄作坊受李鸿章委托开始仿制欧洲雪茄；1898 年，广东商人在湖北宜昌开办卷叶烟制造所；1903 年，赵仰献在山东兖州开办琴记雪茄厂。到 1931 年（民国二十年），国内民族实业在纸烟的冲击下，可统计雪茄产量仍然高达 4150 万支，涌现出了永泰、人和、启昌、益川工业社等著名的现代雪茄工厂。从第二次鸦片战争结束到 20 世纪初，欧美国家还利用在中国的商业特权积极开展雪茄烟草贸易谋取更多利益，一方面他们通过将中国优质烟叶（其中最好的是四川烟叶）运回本国仿制哈瓦那、古巴雪茄用于国内销售 [例如 1875 年仅英国就运回了 6 万多担中国优质烟叶（见 1872—1880 年英国汉口商业报告）]，另一方面他们将烟叶转运到上海等地制作雪茄冒充进口哈瓦那、吕宋雪茄直接在中国销售，剩下的次等烟叶加工成丝烟，19 世纪末则加工成纸卷烟在中国销售。

新中国成立初期的上海雪茄烟标

19世纪末，纸卷烟在中国兴起，因其使用的便捷性开始对雪茄造成冲击，在烟草制品进口货值变化上表现得尤为明显，例如，1904年（光绪二十九年）纸烟进口总额为225万关平银，1922年（民国十一年）纸烟进口总额为2834万关平银，而同期雪茄的进口总额则由54万关平银增加到88万关平银，雪茄进口增幅远小于纸卷烟。两次世界大战期间，国内雪茄市场再次得到恢复性发展，例如，1944年，四川地区仅益川工业社的雪茄产量就超过了1亿支。此后，随着机制纸卷烟的快速发展，手工雪茄逐渐沦为小众市场，实业大量消亡或转产机制卷烟。到2011年，整个中国只有四川什邡、安徽蒙城两家实业还在坚持手工雪茄生产经营。此后，山东中烟、湖北中烟开始陆续恢复手工雪茄。

从中国雪茄烟叶及其制品的发展历史概况可以看出，1895—1910年是中国雪茄生产作坊和实业诞生的高峰期，部分实业虽几经兼并整合，但他们创下的基业一直延续到了现在。究其原因，大致可以归为以下几个方面。

一是政府政策转变，由限制禁止转为鼓励民办工商实业，激发了民众创立雪茄实业的热情。第二次鸦片战争失败后，中华民族陷入严重危机，晚清洋务派意识到西方技术的重要性，在"自强"的旗号下开

始了声势浩大的洋务运动，创办了近代官办军事工业，随后在"求富"的口号下大量开办官商合办、官督民办民用工业，但对商办（民营）实业仍然采取限制措施。

1894年中国在甲午战争中战败，次年签订了《马关条约》，巨额战争赔款不仅使清政府国库亏空（相当于日本六七年的财政收入），而且各国列强获得了在中国开办工厂特权，洋务运动取得的民族工业成果在外国资本冲击下损失殆尽，朝廷税基受到严重侵蚀，也宣告了洋务运动的彻底失败。内外交困之下，清廷上下要求"痛除积弊"，"以恤商惠工为本源"，提出了各项振兴工商的措施。在张之洞的呼吁下，1896年朝廷下令各省设立商务局以使"官商一气，力顾利权"，改变了过去轻商、抑商、困商，以政府投资为主的政策，改为奖商恤商，积极劝办工商业，建立了一套促进民办实业发展的具体措施，民族资本开始成为工业资本投资的主体。1903年，清政府更进一步设立商部作为统管全国农工商实业的最高权力机构，政策的转变改变了过去官商之间的隔阂对立和工商业者的畏怯心理，增强了国民投资兴办实业的信心和热情，社会上下"孜孜焉谋兴实业"，民族资本也在这一时期开始大量投资和参与雪茄产业发展。

二是甲午战争和抵制洋货运动，唤醒了民众创办爱国民族雪茄实业的激情。甲午战争爆发前，面对帝国主义

对中国日益加深的政治控制、军事压制、经济剥削，有识之士开始奋起直呼发展民族工商产业。1893年，中国近代早期资产阶级改良主义的代表性著作《盛世危言》出版，其"富强救国"的思想得到了朝野一致肯定，在光绪帝的推动下，发行量达到1000多万册，在全社会形成了"发展工业以自强""设厂自救"的舆论氛围和共识。1896年，面对《马关条约》之辱以及接踵而来的瓜分狂潮和财富外泄、主权沦丧的严峻局面，中国各阶级、各阶层、各民族普遍产生了亡国灭种的危机感、大祸临头的紧迫感和难以立足于世界民族之林的耻辱感，残酷的现实迫使每一个中国人必须做出生与死的选择，唤醒了民族危机意识，催生了民众开办民族工商实业进行实业救国的激情。

1898年义和团的抵制洋货以及1905年

晚清重臣、后期洋务派代表人物张之洞

1897年的入股票据凭证

的抵制美货运动，掀起了抵御外辱、维护国家和民族利益的高潮，国民放弃洋货选择国货，强大的国货消费需求也为民族实业的创立和发展提供了市场端支持。高涨的国货需求热情分别在1896—1898年和1905—1908年掀起了两次民族工业投资热潮，这15年内，国内新创办资本在1万元以上的工厂共有468家，平均每年增设24.6家，新投资总额达9822万元，平均每年新投资为516.9万元，新投资本中80%以上属于商办实业，民族商办资本成为本国工业资本的主体，实业救国之魂的唤醒在投资端和需求端都为民族雪茄实业的创立提供了强大支持。

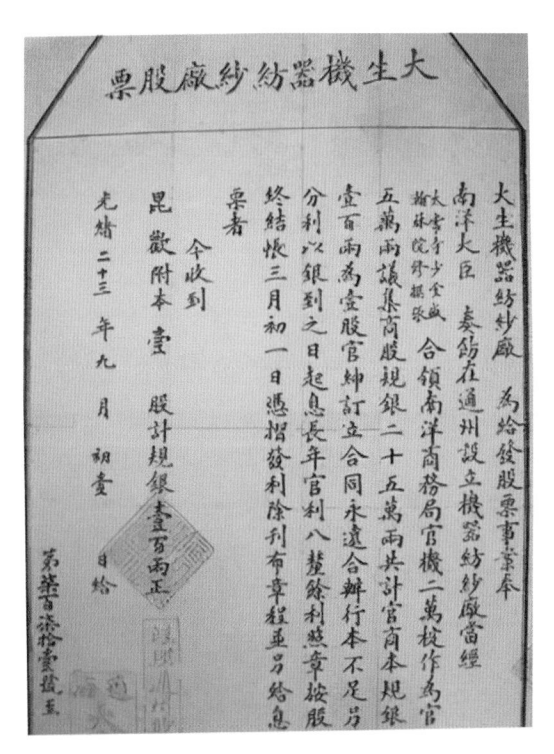

三是晚清大量引进和介绍国外雪茄烟叶种植、发酵等先进技术，为雪茄实业创立发展提供了技术支持。中国能出产世界最

甲午战争中的威海卫之战

优质的雪茄烟叶，这一情况早在19世纪中后期就被欧美烟草商人所熟悉和掌握。但在小农经济条件下，烟草种植依靠的是每一个烟农自己总结的经验，在选种、育种、栽培、晒晾、农业发酵上缺乏统一的科学标准，导致烟叶质量参差不齐、起伏波动，无法进行稳定的大规模生产供应，也在一定程度上限制了国内雪茄产业和民族雪茄工业的发展。晚清政府1896年成立商务局，一改过去严格禁止限制商办实业发展的政策，改为劝办、鼓励，影响国内工商实业发展的症结很快被发现。

商务局和商会支持"远规西法"，开始组织人力物力调查商情、办设商报、翻译外文书籍文献，开展试验研究等，向国内工商业者普及和介绍相关产业的国际先进做法。1900年（光绪二十六年）北洋官报局校印出版"农学丛书"（第一集），其中包括美国农业部书记官厄斯特斯的《淡芭菰栽制法》，该书系统介绍了美国雪茄烟产业在烟草种植、土地选择、浸种、护种、催种、培土、移栽、耕烟、疏叶、收获、晾、晒、通气、地理气候等方面的先进做法和经验。1906年出版的"农学丛书"（第二集）收入了《农产制造学——烟草》，该书系统介绍了日本雪茄烟叶晒制和堆积发酵方法，古巴与美国雪茄烟叶晾晒、晾烤和堆积发酵方法，剖析了雪茄烟叶的成分和品质。国外先进的雪茄烟叶种植和堆积发酵烟叶调制等先进技术的引入，彻底革新了以经验为基础的中国烟叶种植方式，改变了旱烟和水烟调制思路影响下的雪茄烟叶制造技艺，极大地提高了雪茄烟叶种植和发酵标准化水平，促进了雪茄烟叶品质稳定提升，为中国民族资本大量进入和创办雪茄生产实业注入了信心，提供了技术保障。

四是优质烟叶核心产区的形成为民族雪茄产业发展提供了原料保障。16世纪初美洲烟草进入中国后，因其显著的医疗效果和成瘾性特征很快就流行起来，到17世纪已在全国普及。经过300多年的种植经验积累、商业筛选和验证后，19世纪末全国形成了比较著名的几大晒烟产区。例如，湖南郴州、四川金堂（实为今天什邡出产的烟叶，被认为是中国最好的烟叶）、河南邓州、湖北恩施、安徽蒙城等地出产的晒烟都被认为是优质的雪茄烟叶，不仅被英美烟草商人用来在中国生产假冒进口吕宋烟、哈瓦那雪茄，也被他们运回本国用于生产哈瓦那雪茄进行销售，这些商业信息不可避免地也会被中国雪茄产业从业人员所掌握，进而跟随。这些地区的雪茄烟不仅产量大，而且19世纪末20世纪初在大范围引入国外生产种植和发酵技术后，雪茄烟叶的品质和稳定性得到大幅提升，为民族资本创办的雪茄生产实业提供了稳定的优质原料保障。

五是在欧美列强在华人员的引领下，中国形成了数量庞大的雪茄消费群体，为民族雪茄实业创立提供了市场支持。鸦片战争后，大量的外国商人、技术人员、生产操作人员、商品运输人员、宗教人员以及他们的家属涌入中国，同时也将消费行为和消费物品带入了中国。这些消费品因其优异的质量、低廉的价格对闭关锁国下的中国国民产生了极大的吸引力，中国社会各阶层在日常生活中"以洋为尊、以洋为贵、以洋为荣"，对洋货趋之若鹜。欧美在华人员也把他们在国内养成的抽吸雪茄习惯带入了中国，并很快引起中国人的关注和

追随，雪茄消费群体不断扩大。例如，辜鸿铭在记录洋务运动的逸闻中，讲述了一则洋人买办宴请各省委员，用上等雪茄招待宾客而客人不珍惜，尔后用上品烟盒装次等雪茄还赢得交口称赞的故事（《张文襄幕府纪闻》）；郑观应在1893年出版的著述中指出，吕宋烟（雪茄）、夏湾拿烟（哈瓦那雪茄）等洋烟进口耗费国家资金甚巨（《盛世危言》）；1901年，樊增祥在裁断一例秀才行为不检点的案件时，惩罚他一天只抽两根烟棒（雪茄）、吃两个馒头（《樊山政书》）；1901年，景善在其日记中记录，以反对洋货而闻名的义和团拳民在其家中一同分享雪茄（《景善日记》）；在晚清小说《孽海花》《官场现形记》中都有抽吸雪茄烟的情节。这些资料表明，在19世纪末20世纪初的晚清，抽吸雪茄烟已像抽旱烟、水烟一样的普遍。在雪茄生产上，面对不断扩大的市场需求，虽然商办烟草实业受到政府的严格禁止，但私开作坊店铺进行雪茄仿制的行为应该不在少数。例如，早在1860年，国人就已经了解雪茄的卷制方法，并通过观察是否抽吸雪茄来区分外国人的国籍，"喜吸烟，而无烟筒，但将烟叶搓为筒，燃其末，就其端而吸之，火将及唇，辄弃之，此则法俄诸夷之种类"（《庚申夷氛纪略》）。

受纸烟消费的影响，20世纪上半叶雪茄烟进口量持续下降，但到1929年可统计的雪茄进口量仍高达1581万支，可以想见在雪茄消费达到顶峰的19世纪末20世纪初国内雪茄的繁荣局面，强劲的市场需求也为民族雪茄实业的创立提供了市场支撑。

张宗昌（抽雪茄者）

100 百支裝

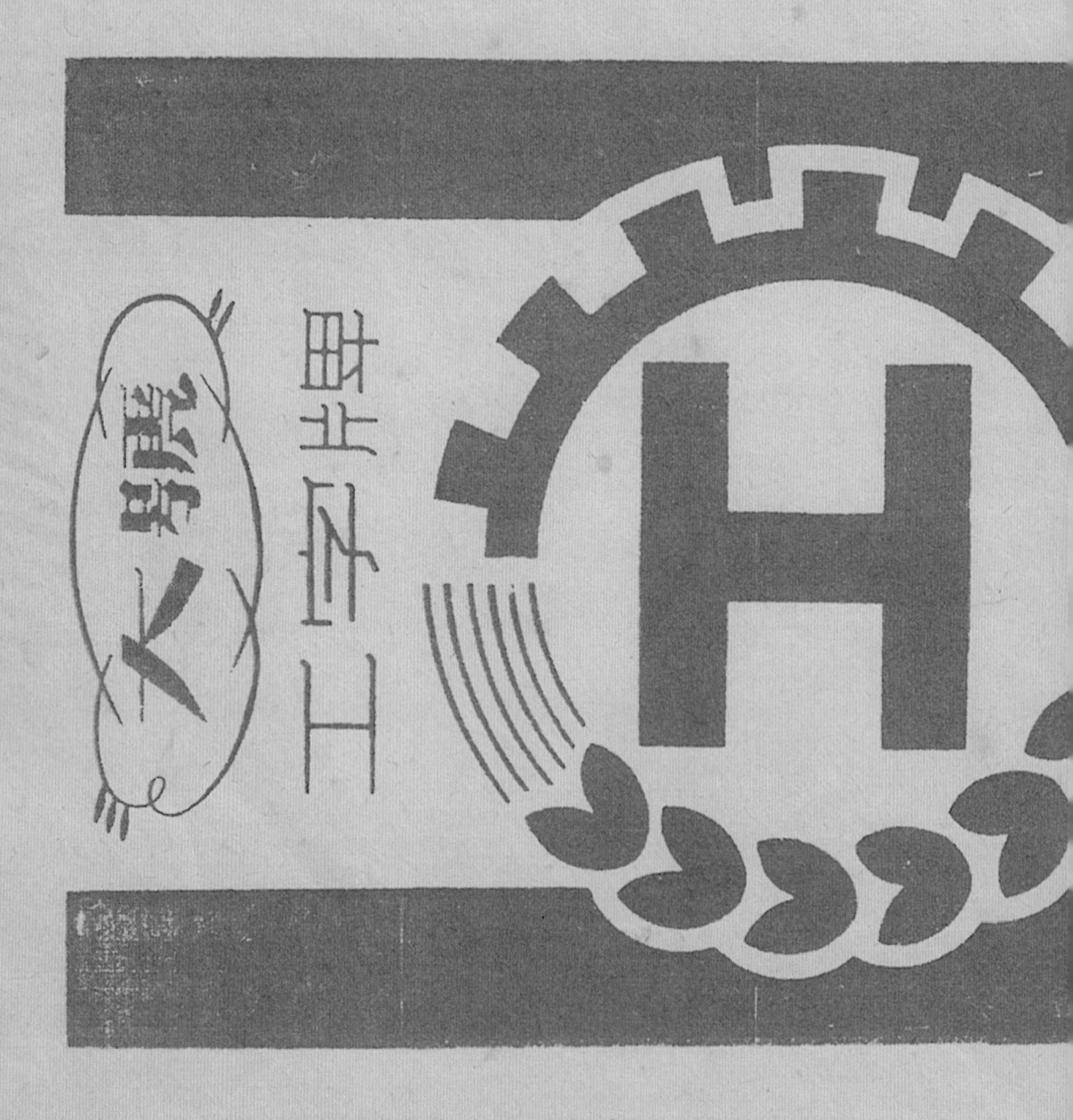

大號
工字牌

H

100 國營裝

烟卷 四

大鹿

工字牌甲级

地方图案 机制二道谣

厂址 四川什邡

机制二卷火因

百支 四

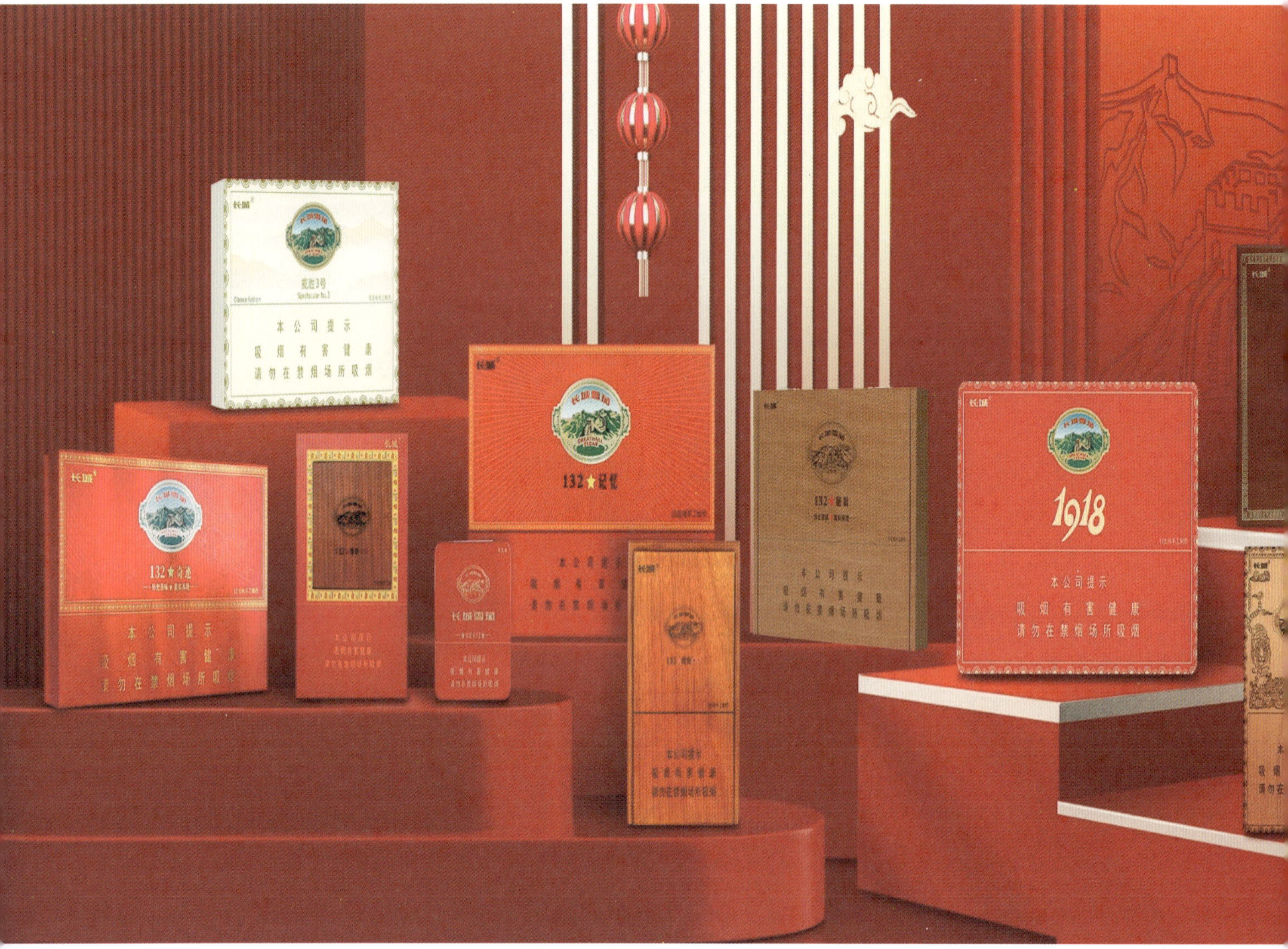
本公司提示
吸烟有害健康
请勿在禁烟场所吸烟
132★记忆
1918
本公司提示
吸烟有害健康
请勿在禁烟场所吸烟

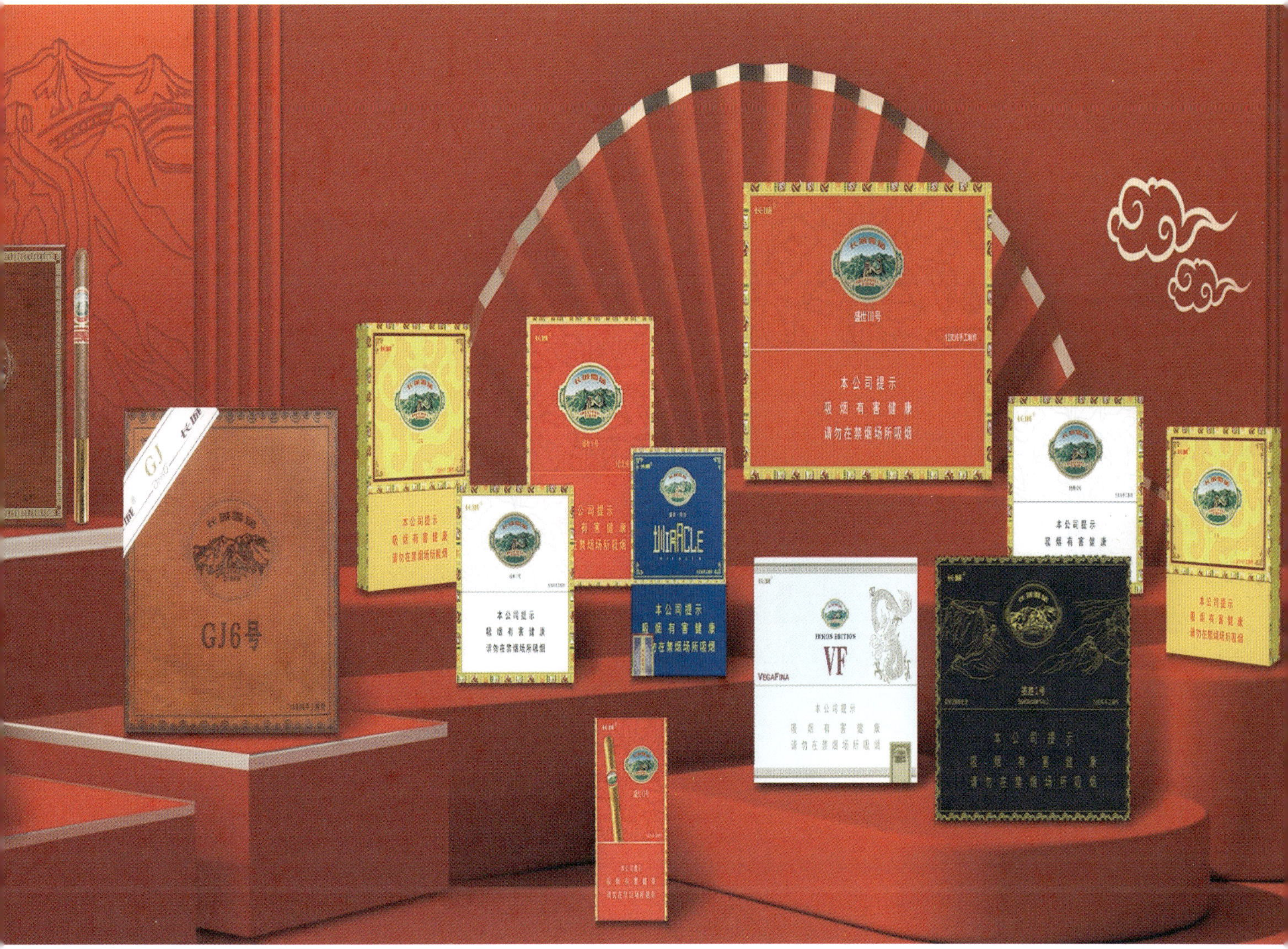
长城
本公司提示
吸烟有害健康
请勿在禁烟场所吸烟
GJ
长城
GJ6号
MIRACLE
VF
VegaFina

第二节
中国雪茄品牌文化体系构建的路径思考

> 本节提炼了世界雪茄品牌文化构建的三大核心要素——原产地概念的烟叶文化、制造环节的匠心文化,以及领袖茄客文化,按照品牌的原料文化内涵,将世界雪茄品牌文化划分为晾烟型雪茄(含古巴、多米尼加、巴西等)、晒晾烟雪茄(简称晒烟型雪茄),提出了构建中国晒烟型雪茄品牌文化体系路径、充分发挥晒烟型雪茄文化软实力的思考。

近年来,在国家烟草专卖局的政策支持下,中国雪茄企业充分利用烟草消费市场升级的重大机遇,抢抓发展战略机遇窗口,深耕国内市场,雪茄销量尤其是手工高端雪茄销量持续保持高速发展态势,但在充分发挥雪茄文化赋能、助推中国雪茄产业高质量发展方面还存在不少短板。中国雪茄所具备的世界性品牌文化密码并没有得到系统而有效的开发利用,品牌文化建设的系统性还比较欠缺,可信、可爱、可敬、可传播的中国雪茄历史文化尚未深入人心。在雪茄文化研究上,学者们一般侧重于晾烟型雪茄文化、雪茄奢侈品属性以及欧美雪茄文化发展历史等方面,但针对如何具体打造中国雪茄品牌文化、高质量发展中国传统晒烟型雪茄,还比较欠缺系统性的研究和论述,主要体现在三个方面:

一是中国晒烟型雪茄品牌文化打造缺乏体系化的独属核心元素支撑,相关的研究和论述零星散布于各雪茄企业的文宣和部分研究文献中,缺乏整合,没有建立起属于中国特有的雪茄原料文化、匠心文化与茄客文化。

二是对中国晒烟型雪茄品牌文化的宣贯资源投入力度不够、持之以恒的毅力不够,与欧美国家主导的晾烟型雪茄对品牌文化的投入力度、持续宣贯长达500余年的历史相比,中国晒烟型雪茄品牌文化体系的构建和传播都处于起步阶段,历史欠账较多,任重道远。

三是中国晒烟型雪茄品牌文化同中国雪茄发展历史实际相结合、同中华优秀传统文化相结合的力度不够,对中国雪茄一百多年的历史文化的挖掘力度不够,导致部分企业在优质国产晒烟原料、工艺质量管控、茄客文化构建上还缺乏足够的自信。

本节通过分析晾烟型雪茄品牌的文化体系构建情况(以古巴为例),提出构建中国晒烟型雪茄品牌文化体系的路径,以及充分发挥雪茄文化软实力、助推中国晒烟型雪茄产业高质量发展的思考。

一、世界雪茄品牌文化体系构建的基本框架

从欧美各国知名晾烟型雪茄品牌来看,雪茄品牌文化构建存在三个具有共性的核

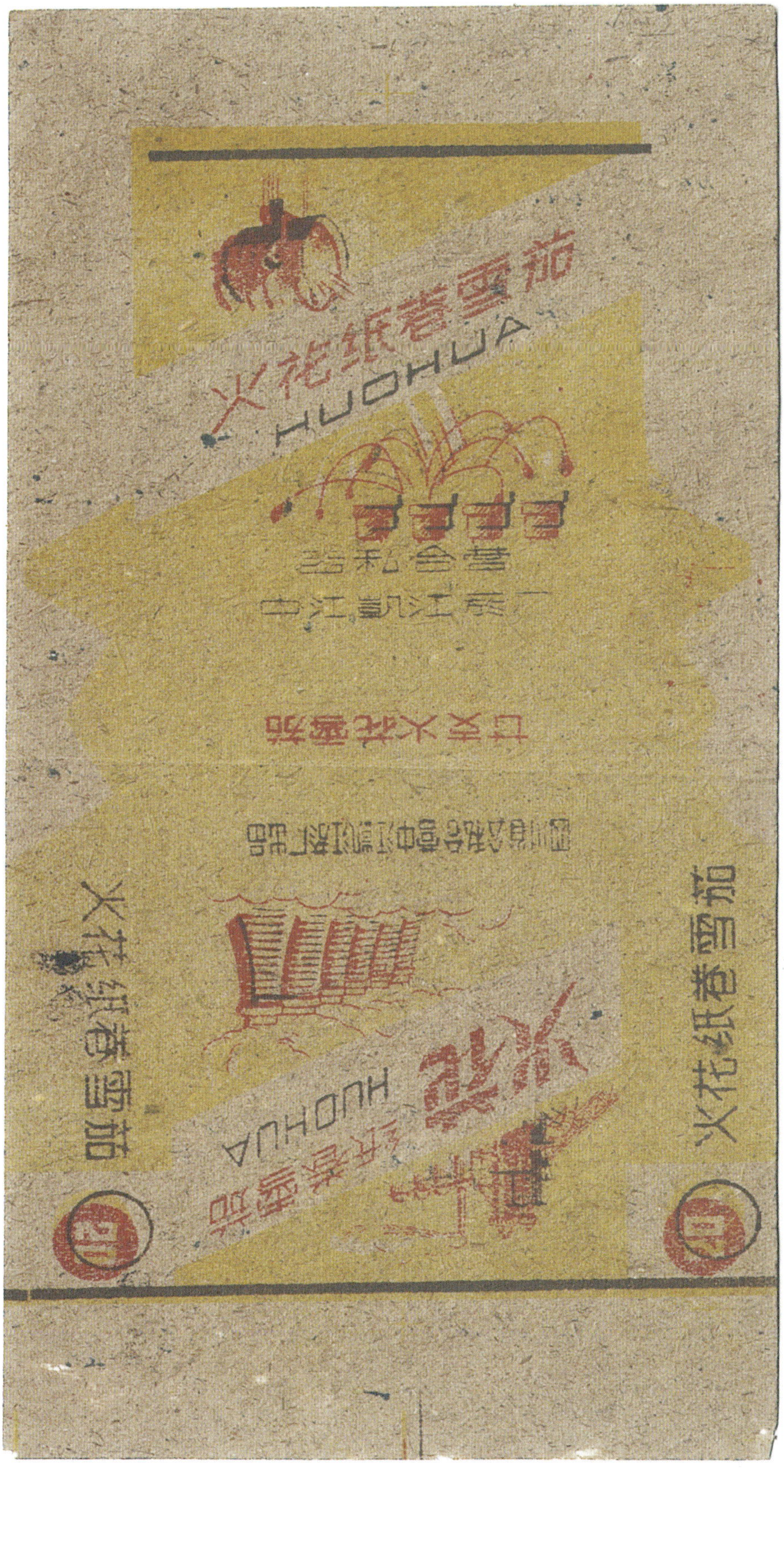
火花纸卷雪茄
HUOHUA
火花纸卷雪茄
火花纸卷雪茄

心支柱：

第一个是原料文化。顶级的烟叶原料才能生产出顶级的雪茄，这是世界雪茄产业界和雪茄消费者的共识。可以说，拥有顶级烟叶原料话语权是雪茄品牌文化构建最为核心的要素。一个雪茄品牌如果能以原料为中心，构筑起独属的地质和地理环境（包含土壤、雨水、气候、阳光、温度、风力、风向）文化、农耕文化（包含种源、耕种技艺等），就可以塑造出独一无二的原料文化优势，让任何其他地区的雪茄品牌都无法复制。这是所有雪茄品牌都想极力构筑的最核心的比较竞争优势。原料话语体系的打造，需要亿万年地质变迁营造的得天独厚的地质、地理环境，其烟叶品质要历经数百年的商业选择并得到广泛认同和权威认证，难度大，成功案例不多。从全球范围来看，做得最成功的是古巴类雪茄品牌，在中国做得最成功的是长城雪茄所依托的什邡毛柳晒烟，但仍处于起步阶段。

第二个是以制造环节为中心的匠心文化。它主要涉及烟叶农业发酵、烟叶农业加工、烟叶工业发酵、烟叶醇化管理、雪茄卷制、成品雪茄醇化管理等诸多环节的匠心运用，是雪茄品牌文化必备但也最容易被复制的环节，尽管所有的品牌都会强调这一环节并强化传播，但众口一词，它很难成为一个雪茄品牌独有的核心文化软实力。从中国市场来看，长城雪茄依托一百年来不同时期创立的烟叶调制与发酵技术，在构建匠心文化的传承与创新体系中获得了国内绝大部分雪茄消费者的认同。

第三个是以消费者为中心构筑的独属领袖茄客文化。它主要围绕某一领域的领袖独爱一个雪茄品牌而展开，塑造其健康、高雅、尊贵的品牌形象，完美地契合雪茄这一诱导性、引致性的奢侈品特质，也是许多雪茄品牌梦寐以求而不得的核心文化竞争优势。从全球范围来看，目前做得较为成功的是古巴类雪茄品牌，它们依托卡斯特罗、欧美政治与文学领袖成功树立了高雅、尊贵、睿智的品牌形象；在中国市场，长城雪茄依托贺龙元帅、"132"秘制历史、尼克松等人的影响力，独属于中国晒烟型雪茄的领袖茄客文化正在逐步成型。

二、世界雪茄品牌文化类别划分

雪茄品牌文化类别的划分有许多标准，有的划分为全叶卷雪茄、半叶卷雪茄，也有的划分为古巴雪茄、非古巴雪茄，但从世界范围内的雪茄品牌文化最为核心的烟叶原料概念看，整体上可以分为两大类：

以古巴为代表的欧美晾烟型雪茄品牌文化：古巴作为旧大陆第一次发现美洲烟草之地，有时还被包装成雪茄原产地，在雪茄文化宣传上具有较大的影响力。古巴类雪茄品牌文化的构建主要围绕与古巴雪茄烟叶的渊源展开，因其强调种植区域临近古巴，地质条件、地理环境与古巴类似，种源、从业人员和技艺源自古巴，或者其主要茄芯原料来自类古巴产区，鉴于地域相邻、文化相似，又有历史信息的佐证，这一策略简单有效，得到了世界茄客们的普遍认同。因此，这些品牌文化可以归结为以古巴雪茄提炼的地质、地理和农耕原料文化为内核，在匠心文化基础上辅以皇室、贵族、领袖等体现尊贵、高雅、睿智元素的茄客文化打造而成，这种类型的雪茄文化我们可以称为古巴类雪茄品牌文化，或古巴雪茄品牌文化的孪生品。它们主要包古巴、尼加拉瓜、多米尼加、洪都拉斯、美国、巴西等美洲国家的雪茄品牌，以及部分欧洲品牌。

在古巴雪茄品牌文化旗帜的引领下，借助持之以恒的文化宣贯和英语、西班牙语的世界影响力，古巴类雪茄品牌在世界上形成了近乎垄断的市场影响力和控制力。根据公开的不完整数据测算，2020 年全球近 5 亿支的手工雪茄市场中，古巴、尼加拉瓜、多米尼加、洪都拉斯等古巴类雪茄品牌拥有 90% 以上的市场份额，其他晒烟型雪茄品牌的市场份额不足 10%。

以中国为代表的传统晒烟型雪茄品牌文化：中国雪茄烟叶主产区均位于北纬 30° 的内陆深处，与位于北纬 20° 热带雨林气候区的古巴相比，两者南北相距 1000 公里、所处纬度与气候差异大，如果采用与古巴雪茄类似的地质、地理和农耕文化作为烟叶原料文化话语体系构建的核心要素，不仅会失去可信度，而且会引发消费者对其卓越品质的质疑，因为世界上晾烟品质最好的产区无疑是古巴与中美洲沿海地区，用品质较差的国产晾烟无法打造出世界顶级品质雪茄产品，这是不言而喻的。同时，国产雪茄品牌如果采用中美洲优质晾烟作为自己的原料文化基础，短时间虽然可以获得一定的市场份额，但从中国雪茄的可持续高质量发展上看，存在两个缺陷：

一是无法打造独属中国的世界顶级晾烟原料话语体系。经过欧美 500 多年的持续宣传，世界雪茄消费者已经认定，以古巴为代表的中美洲产区才是调制顶级晾烟的地区，其他地区受地质、土壤与气候等因素的影响，晾烟整体品质均较差。1895 年以来的两次晾烟发展浪潮以失败告终，也证明国内难以生产同时具备成本和品质优势的优质晾烟。

二是无法建立中国雪茄消费者对国产雪茄品牌的忠诚度和归属感。因为从内在逻辑上讲，原料采用中美洲优质晾烟而强调自己是国产品牌，恰如欧美白种人穿上汉服而自称是中国人一样，难以令人信服，世界雪茄客仍然会认为中美洲雪茄品牌才是晾烟型雪茄的正宗，在选择晾烟型雪茄时也会优先选择这一地区的品牌。这两大难题是目前处于弱势地位的晒烟产区雪茄品牌采用晾烟话语体系构建原料文化面临的共同困境。

从整体上看，虽然中国晒烟型雪茄品牌一直在致力于尝试构建独属的原料文化，但对本土 400 多年的晒烟原料文化挖掘深度不够，对晒烟品质研究力度不够，对风格特征的形成过程和机理掌握不够，导致对国产优质晒烟原料应用处于进退失据状态。从世界范围来看，目前还没有一个晒烟型雪茄品牌成功塑造出独属的世界级晒烟原料文化；从中国市场来看，什邡毛柳晒烟文化对国产雪茄原料文化的支撑作用还未得到充分挖掘，叙事体系构建还处于起步阶段，原料文化软实力对国产雪茄品牌的国际市场助推作用还没有得到普遍认同。

四川的菸草

劉秋筜

一、戰前的四川菸草 （甲）種類及產區分佈 （乙）種植面積與產量 （丙）四川菸草的品質 （丁）輸出量值 二、戰時的四川菸草 （甲）菸類專賣及改辦統稅 （乙）美種烤菸的推廣 （丙）種植面積與產量 （丁）菸類專賣及改辦統稅 （戊）銷售數量 三、戰後四川菸草的展望 （甲）四川的自然環境與種菸 （乙）增加每單位面積產值與種菸 （丙）推廣美種烤菸與杜塞漏卮 （丁）檢定土種菸草

一 戰前的四川菸草

中國是一個以農業生產佔優勢的國家，一般的說，戰前的四川在落後的封建殘餘與帝國主義的交互榨取所形成的農業生產方式之下，農民購買力以及其經營能力是降低了，農業生產力異常衰落，農村經濟已趨於普遍崩潰，農民生活已陷於食不果腹，衣不蔽體的悲慘境地。因為如此，所以農民對於農作物的經營不得不斤斤於糧食作物的生產。對於菸草等工藝作物的栽培，則并不感到興趣。雖然四川的自然環境是適於菸草的種植的，可是由於這種社會經濟條件的限制，卒不能生產大量的菸草，絕不是無理由的。不過四川的菸草，始終是很重要的特產之一。無論在種類與產區分佈上，種植面積和產量上，乃至其品質與輸出入量值上，都有加以檢討的必要，所以特別把上舉各項分別敍述於後：

甲 種類及產區分佈

四川各縣所產的菸，在種類上說：乃因消費習慣、栽培與製法的不同，是不完全一致的，就是它所選用的種籽，也各不相同。不過其主要區別，仍在調製。依於調製而加以區分，則大體可分為葉菸摺菸兩大類，至於就產菸區域而言，在川省全境，除西北各縣比較寒冷不

產菸草外，餘幾遍佈省內各地。只是川東川北以及川南各縣所產不多，且莒零星。四川眞正的產菸區是集中在川西的成都平原。它的範圍，依天然地勢來分；北部幾縣是在涪江以西，岷江以東，居於這兩條河流之間。而沱江上游，也在金堂以北從這裏經過。南部的眉山到樂山各菸區，則屬於岷江下游。茲爲使讀者更能明瞭起見，特將川菸的種類和產區分佈，詳述如後：

（一）葉菸 所謂「葉菸」，是因製調時，掛菸葉於菸榮上得名，俗稱「葉子菸」。這種菸大多直接捲吸或用製雪茄。中心產區是新都、什邡、彭縣、新繁、崇寧各縣的全部和綿竹、廣漢、灌縣、崇慶、雙流、成都、新津、崇寧、彭山、眉山、靑神、樂山、夾江、金堂等縣的一部份地區。此外，凡摺菸產區以外的零星種菸各縣，都屬於這種菸。

（二）摺菸 調製摺菸時，係夾菸在竹摺中，故稱「摺菸」。這種菸葉大多用製絲煙。以邛縣、綿竹、溫江為中心產區。產於邛縣的摺菸，菸葉大故稱「大菸」。產於綿竹的多用泉水灌溉，俗稱「泉菸」。各類菸草的分佈，除直接受自然條件的支配外，開接也為社會經濟及生活程度諸因子所決定。據筆者分析世界各產菸國家的結果，大抵其國經濟繁榮，社會良好，人民生活程度高的，所產菸葉，芳香味純，反是則為味濃辛辣之產菸區域。證諸我國所產的都是東方型

欧美晾烟型雪茄文化影响力的形成，除了历经数百年的人文积淀和工业文明的强势输出，还在于这一区域众多雪茄品牌积极推动地理、地质和农耕文化的共建共享，在协同建立原料核心话语权的同时，采用相同的话语体系，充分利用西班牙语、英语在殖民时代建立的优势，推动晾烟型雪茄文化在世界各地持续传播、宣传灌输，这是历经数百年持续努力才构筑起的市场影响力。对中国晒烟型雪茄而言，通过文化软实力助力国际国内市场扩张的能力还比较薄弱。

三、中国晒烟型雪茄品牌文化体系构建的路径

通过对世界雪茄品牌文化体系核心要素的解构和分析可知，要系统构建好中国晒烟型雪茄品牌文化，需要围绕中国雪茄产业的独特核心优势，围绕三大环节，打造出中国雪茄独有的品牌文化，为国际国内市场拓展提供晒烟型雪茄文化的解释权、定义权。

一是以长城雪茄"秘制132"专用毛柳晒烟产区概念为内核，做好什邡全国雪茄烟叶原料产区的历史文化发掘、理论与实证研究工作，构筑起中国晒烟型雪茄品牌共同的世界顶级优质晒烟原料文化体系。

什邡平原位于龙门山中段东南侧迎风坡正前方，是印度洋西南季风、太平洋东南季风的交汇之地，亿万年的地质变迁孕育出了独特的地理环境，让这里拥有世界上最肥沃的紫色油砂土壤、充沛的雨水和富足的光热，集齐了优质雪茄烟叶生产种植所需的各种要素，可以构建烟叶原料独属

的地质地理文化。

什邡拥有世界顶级晒烟调制所需的最高温度、温差、天气（阴晴雨占比）、风力、风向、湿度等气候条件，能为优质国产晒烟调制提供标准指引，构建起中国晒烟生产独属的气候标准话语体系。

什邡作为尤卡坦半岛所孕育美洲烟草的世界最佳引种地之一，经过数百年来的优化选育和商业选择，甄选出的毛柳晒烟品种，加上从未中断过的烟草耕种与调制经验积累，出产的雪茄烟叶因其独特的"醇甜香"风味特征而自成一脉，广受世界顶级雪茄爱好者追捧，建立了中国晒烟的品种优势。

围绕这里出产的优质烟叶曾被清朝皇室定为贡烟，19世纪中后期被欧美商人运回本国用于仿制美洲雪茄，20世纪40年代这里卷制的雪茄产量占据全国三分之一，是上世纪60年代至80年代享誉国内外的"132秘制"雪茄、长城出口雪茄所用烟叶的唯一来源产区，多次荣获国际金奖等事实，可以构建中国晒烟型雪茄茄客文化体系。

这些事实证明，亿万年地质变迁的自然奇迹与美洲烟草联姻，让什邡这片沃土孕育出了世界上最好的雪茄用晒烟，出产世界上顶级的晒烟型雪茄。中国什邡是美洲烟草新的蓬勃发展之地，也是中国雪茄之乡、中国雪茄之都。什邡雪茄烟叶的传奇历史是中国雪茄产业的共同财富，也是中国晒烟型雪茄筑牢国内市场、进军拓展国际市场的优质原料保障，中国雪茄产业界要共同努力，一起构筑独属的世界顶级雪茄用晒烟原料文化。在晒烟型雪茄原料文化构建上，要充分运用地质学、地理学、烟草农业相关理论，系统论证地质变迁、气候条件、土壤特性、烟叶品种选育以及耕作经验积累等对什邡优质雪茄烟叶生产与调制所带来的影响，从理论上论证这里出产的优质晒烟必然拥有世界顶级的味道

大號 工字牌
机制雪茄
十支裝雪茄
每包壹拾支
温江地区 工农烟廠
厂址 四川什邡

小號 工字牌
机制雪茄
十支裝雪茄
温江专区工农烟厂
地址：四川什邡
每包壹拾支

和香气品质。

运用什邡世界顶级毛柳晒烟和世界领先技艺制作的中国顶级雪茄，让各国领袖和消费者情有独钟，无论理论、实践还是促使茄客做出正确选择上都有科学、可靠、可信的原料文化支撑。

二是以"'秘制132雪茄制作技艺'非物质文化遗产项目"为核心，构筑起中国晒烟型雪茄品牌共同的独属匠心文化体系。什邡益川工业社20世纪20年代创立的糊米发酵、醇味发酵，以及在50年代末期建立的"秘制132雪茄制作技艺"（烟叶发酵助剂配方仍属国家秘密），都是以什邡毛柳晒烟为基础，承继创建的独属发酵技艺，凝结了几百年来无数什邡雪茄人的匠心。

要围绕雪茄烟叶种植、调制、发酵等涉及的关键节点，系统梳理中国雪茄在育种、育苗、大田管理、烟叶晒晾、烟叶加工、烟叶醇化、工业发酵、卷制、品吸评价、选色、烟支醇化养护等工艺环节，建立具有中国特色的晒烟型雪茄匠心文化体系，深耕背后的大师文化与技艺传承故事，实现与其他国家和地区雪茄品牌在匠心文化构建上的有效区隔。相对来讲，所有雪茄品牌最愿意、最容易构建的是匠心文化，因其相对简单，而且也最容易被模仿，但构建独属的匠心文化难度较大。

三是以共和国领袖、部分外国领导人为核心，打造中国晒烟型雪茄独属的茄客文化体系。系统梳理1950—1980年共和国发

延 河

机制雪茄

20 YANHE XUEJIA

20 YANHE XUEJIA

陕西延长雪茄烟厂出品

延河

SHANXIYANCHANGXUEJIAYANCHANGCHUPIN

JIZHIXUEJIA

Yanhe

生的内政外交重大事件，重点围绕贺龙等领袖以及切·格瓦拉、尼克松等外国领导人与"132秘制"雪茄有关联的重大历史事件，讲好中国雪茄独属的茄客故事，系统打造中国晒烟型雪茄健康、高雅、尊贵、睿智的独属茄客文化，让消费者建立身份认同、产生情感共鸣，增强品牌选择自豪感、主动性与忠诚度。

中国雪茄上述三个环节所蕴藏的文化内涵是世界雪茄文化宝库的重要组成部分，具有较强的国内国际文化与市场影响力，也为打造独特而具有世界影响的晒烟型雪茄品牌文化提供了基础。目前，中国手工雪茄品牌占据国内市场接近90%、高端市场接近85%的份额，集中力量抢抓重大战略机遇窗口期，乘势而上打造中国晒烟型雪茄独属的晒烟型雪茄品牌文化，可以有效避免雪茄品牌文化打造中面临的选择困境。

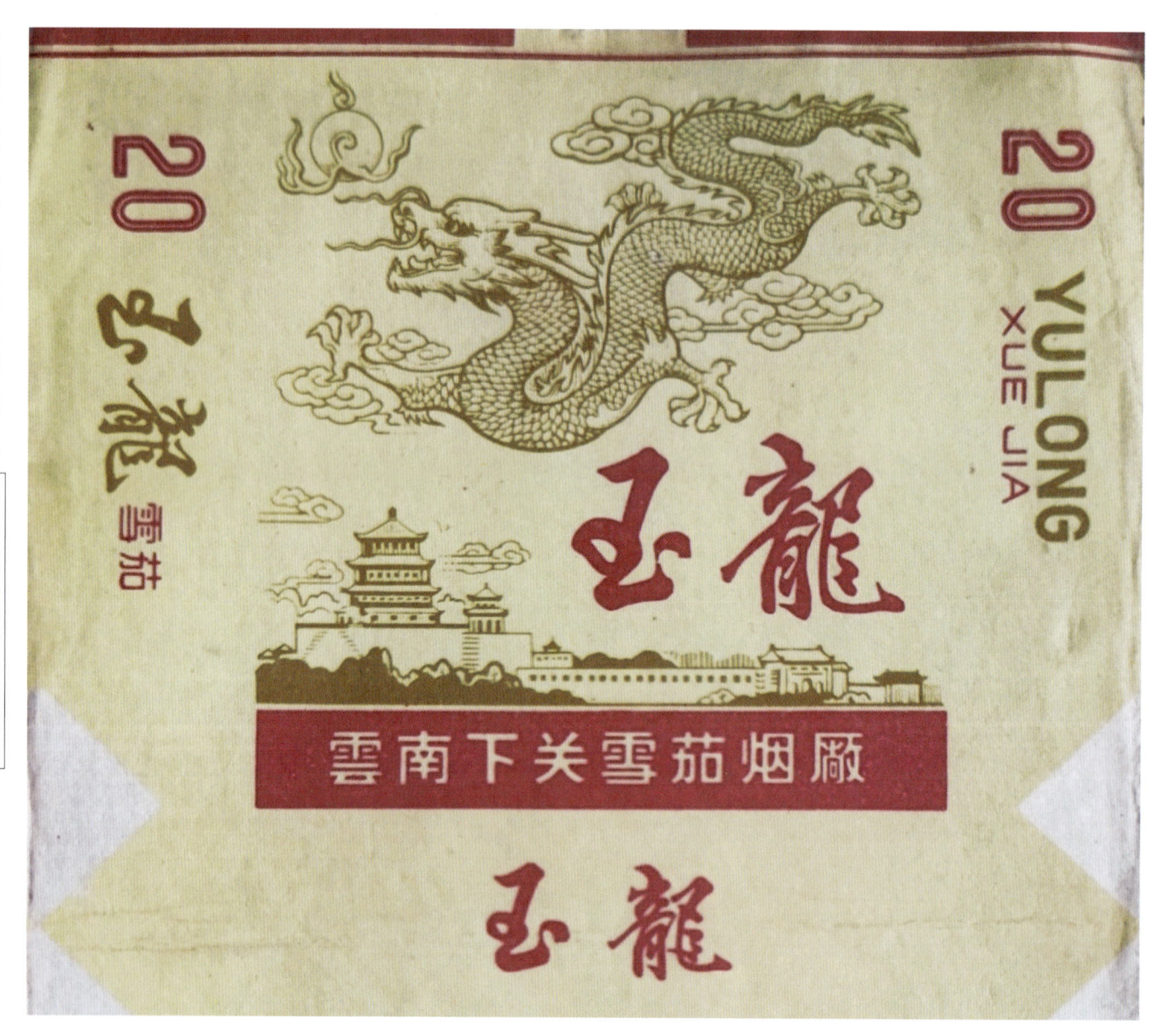

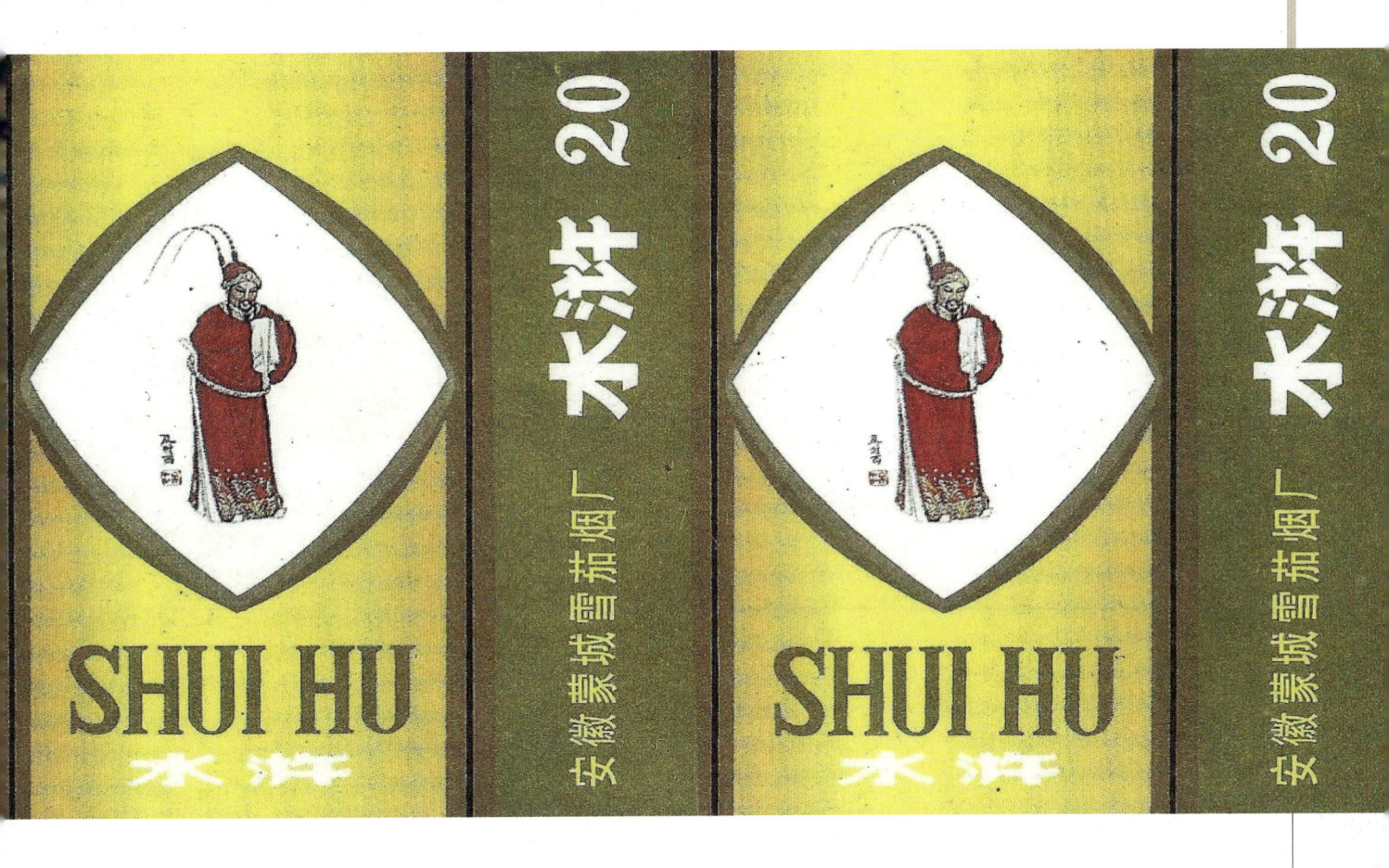

四、关于增强中国雪茄品牌文化软实力、助推中国晒烟型雪茄产业高质量发展的思考

1. 凝聚中国雪茄产业共识，将中国什邡毛柳晒烟外化为中国雪茄品牌共享原料文化

犹如欧美晾烟型雪茄品牌文化的内核在于其独特的优质原料文化，它们共享其原料来自类似古巴的气候、土壤、种源、耕种与调制经验技艺的论述，实现了科学、可信、可传播。中国雪茄市场前景广阔、需求量大，中美洲地区优质晾烟原料也被世界雪茄巨头瓜分殆尽，中国雪茄品牌要立足世界雪茄之林、成为世界雪茄版图的领先力量，无论是从原料安全保障，还是从参与国内国际市场竞争的需要和雪茄制备传统看，都有能力也必须建立独属的优质烟叶原料文化。

中国什邡无论是地质演变形成的独特地质、地理和气候环境，还是什邡晒烟、什邡雪茄自身的发展历史都证明，这里出产的晒烟是中国乃至世界上最好的雪茄烟叶原料。中国雪茄企业和雪茄烟叶产区应从维护和促进中国晒烟型雪茄原料文化体系建设、构建独属的晒烟原料话语体系的高度，加强同什邡毛柳晒烟原料文化的共建共享，强化交流与沟通，维护、提升共和国领袖们认定的、几个世纪以来历史验证的中国雪茄之乡、中国雪茄之都的声誉。

中国雪茄文化研究

同时，中国雪茄生产企业通过共享什邡优质晒烟原料，也能同步共享"132"特供雪茄历史形成的中国晒烟型雪茄独属的原料文化、匠心文化、茄客文化，聚力国内国际市场拓展。

2. 强化中国晒烟型雪茄品牌文化宣贯，协同推进中国雪茄国内国际市场拓展

与欧美地区业已形成的晾烟型雪茄品牌文化相比，中国晒烟型雪茄品牌文化不仅

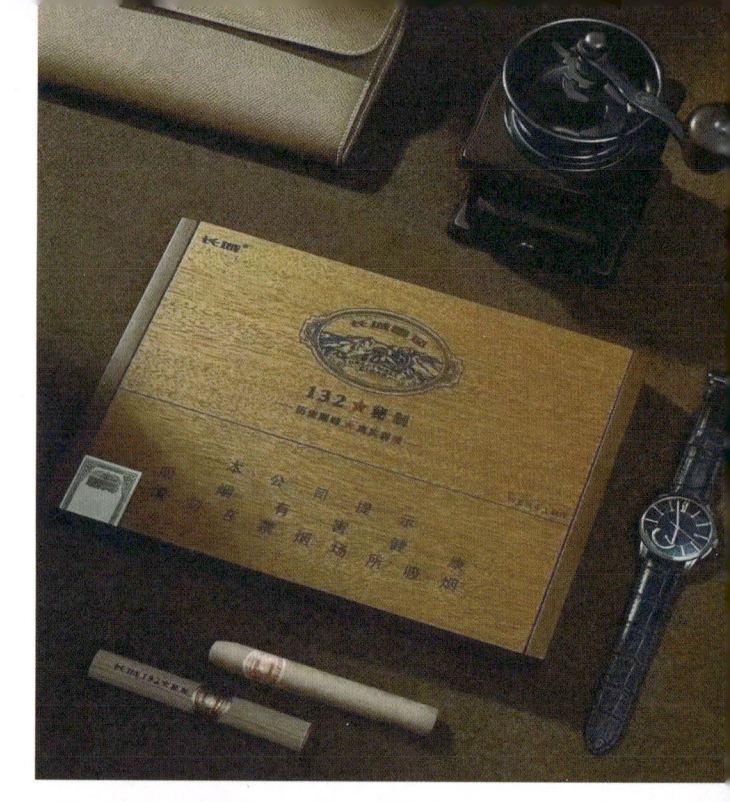

在文化体系构建时间起点上远远落后，而且与其五个多世纪的持续宣传和借用世界语言宣传（西班牙语、英语）的力度相比也远远落后。中国雪茄产业在加快中国晒烟型雪茄品牌文化构建的同时，要在雪茄文化国内国际宣贯上做好打持久战的思想准备和资源准备，确保相关战略部署得到持续有效推进。

要广泛开展中外雪茄文化论坛、联展和学术交流活动，系统培养中国晒烟型雪茄意见领袖；要加强与国内外雪茄专业文化研究机构、专业媒体、学术团体合作，让世界资深雪茄人士了解中国晒烟型雪茄文化故事、文化热点，影响其价值选择；广泛开展面向国内外雪茄商业渠道客户、雪茄消费者的中国晒烟型雪茄品牌文化宣传，增强其选择中国雪茄的主动性、自豪感、忠诚度，充分发挥中国晒烟型雪茄文化软实力对中国雪茄产业高质量发展的助推加乘效应。

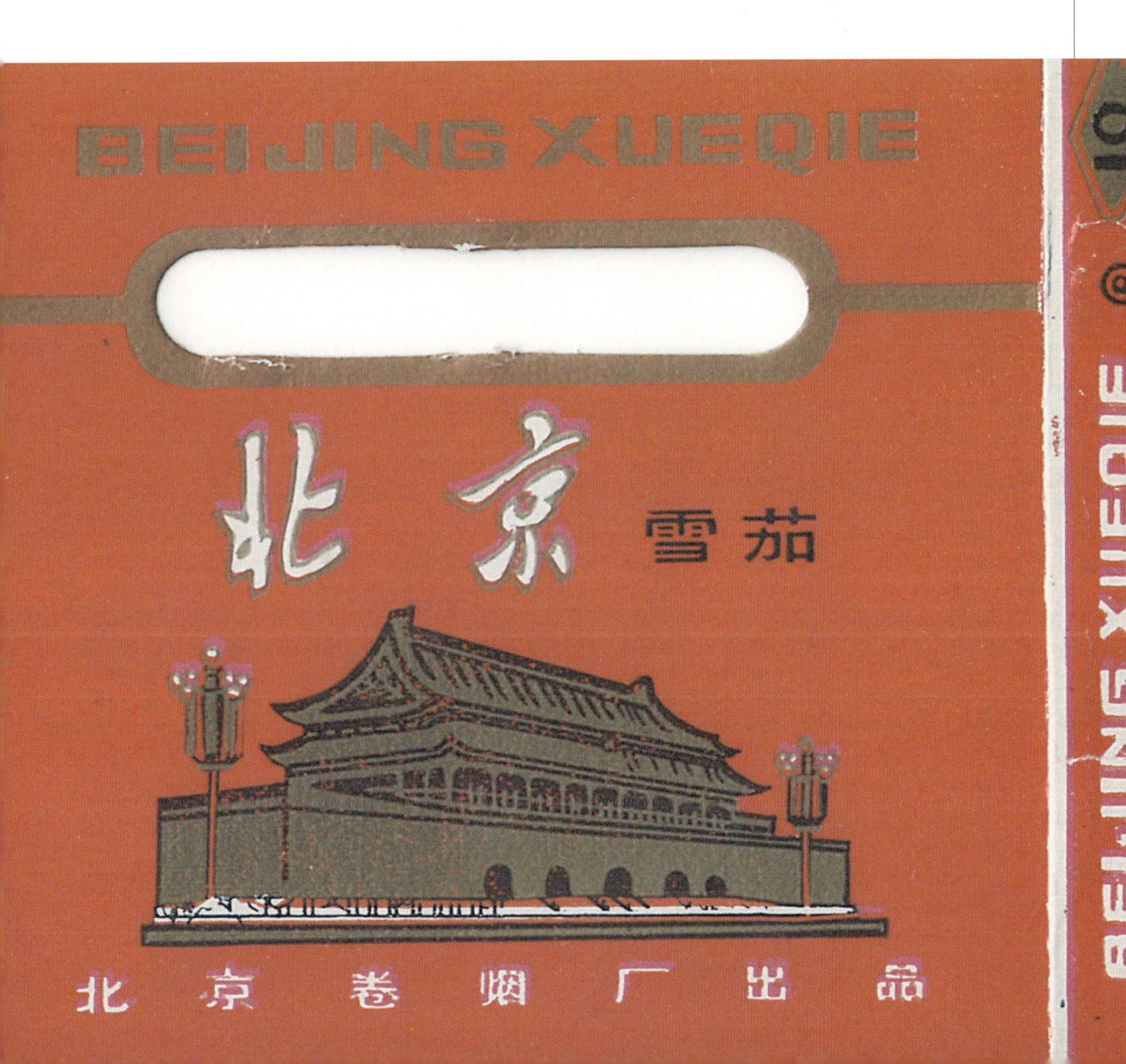

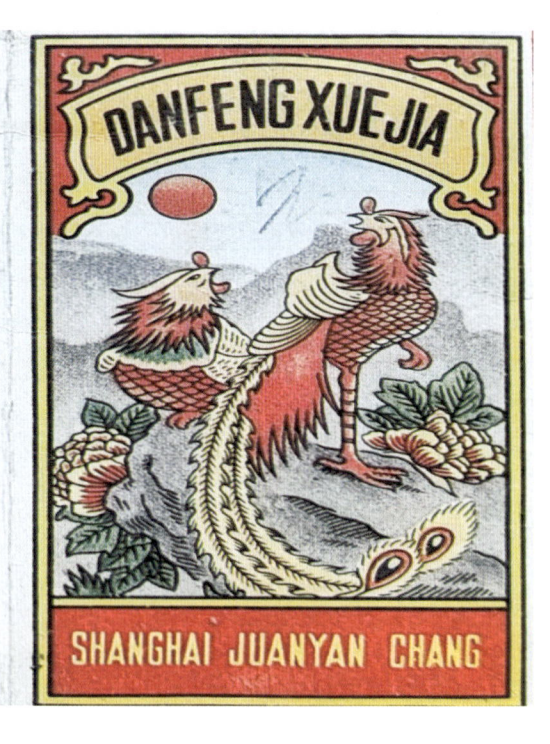

丹凤雪茄 / 10 ZHI ZHUANG DANFENG XUEJIA / 十支装丹凤雪茄 / DANFENG XUEJIA / 上海卷烟厂 / SHANGHAI JUANYAN CHANG

西樵香烟 / Xiqiao XIANGYAN / 尺流千乙 / 广东南海 / GUANGDONG NANHAI / GONG SI HE YING HANCHANG XUEJIA YAN CHANG

10 向阳牌雪茄烟

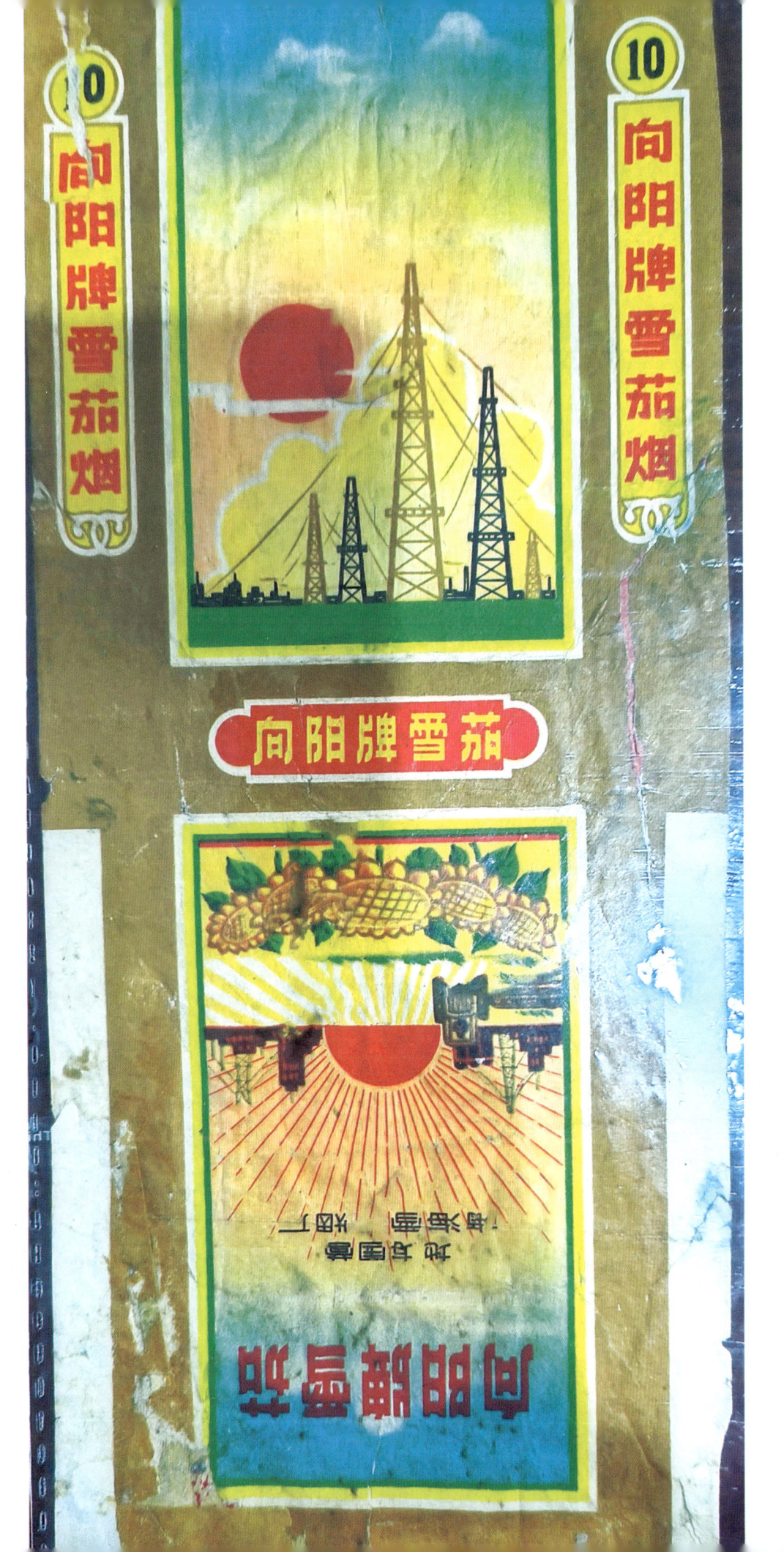

向阳牌雪茄

向阳雪茄

3. 做实做强中国雪茄博物馆，发挥其中国晒烟型雪茄文化研究、宣传主阵地作用

在国家烟草局和四川中烟支持下，2017年中国雪茄博物馆建成开馆，它标志着中国烟草行业和四川中烟对系统打造独属的中国雪茄文化体系给予了前所未有的高度重视。作为专业性的雪茄文化事业机构，它在中国晒烟型雪茄文化研究、宣传推广和协同中国雪茄产业国内国际市场拓展中的作用还远未得到体现。

针对当前存在的短板，一是要充分利用好国家烟草局对中国雪茄博物馆的政策支持，强化资源投入，进一步增强藏品征集、雪茄文化开发研究和开展雪茄文化交流、宣传教育等能力的建设，打造雪茄文化研究与传播高地，切实做实做强雪茄博物馆；二是在国家烟草局、四川中烟指导下，中国雪茄博物馆要紧紧围绕雪茄文化体系构建的三大环节，同中国雪茄发展实际相结合，加强行业雪茄文化研究的交流与合作，联合科研院校、专业机构和雪茄生产企业，扛起打造中国晒烟型雪茄品牌文化体系构建的责任和旗帜，做好领头雁、排头兵；三是要利用好国家对文化团体的政策支持，同中华民族优秀的烟草消费传统文化相结合，在中国晒烟型雪茄品牌文化交流、宣传推广上发挥好主体作用、承当起载体职责，发挥出加乘效应，为中国晒烟型雪茄品牌国内国际的市场拓展营造良好的雪茄文化氛围。

参考文献

[1]朱祥忠.大使眼中的古巴雪茄文化[J].报林，2008（02）：66—68.

[2]丁松爽，时向东.线上线下混合式教学在雪茄文化与鉴赏中的应用研究[J].现代职业教育，2022（03）：130—132.

[3]Eleanor.雪茄——真正的奢侈艺术[J].家用汽车，2007（03）：128—130.

金塔

雪茄烟

四川省
中江县凯江烟厂出品

Jinta
XUEJIAYAN

SICHUANSHENGZHONGJIANGXIAN
KAIJIANGYANCHANGCHUPIN

第三节
关于长城雪茄晒烟文化体系构建、落地、发挥功效的建议

要成功打造中国雪茄文化高地、构建系统的中国晒烟型雪茄文化体系，充分发挥文化软实力的助推和协同效应，除了需要在国家烟草局和四川中烟的倾力支持下，拟定切实可行的工作措施与目标，持之以恒，强化资源保障和资金投入，一体推进相关工作措施落地落细外，还需要强化以长城雪茄为代表的中国雪茄品牌共同发力，抓好晒烟型雪茄文化宣贯和雪茄博物馆的基础建设。

一、关于推进长城雪茄晒烟文化建设的建议

形成体系化论述是长城雪茄晒烟文化构建的基础工程，顺利完成就能为中国晒烟型雪茄、长城雪茄文化建设提供永久性支撑，让此后有关晒烟文化的拓展与宣传事半功倍。

一是雪茄晒烟原料文化体系打造：在基础研究课题方面，需要四川中烟系统整合雪茄厂、雪茄创新中心以及相关研究机构

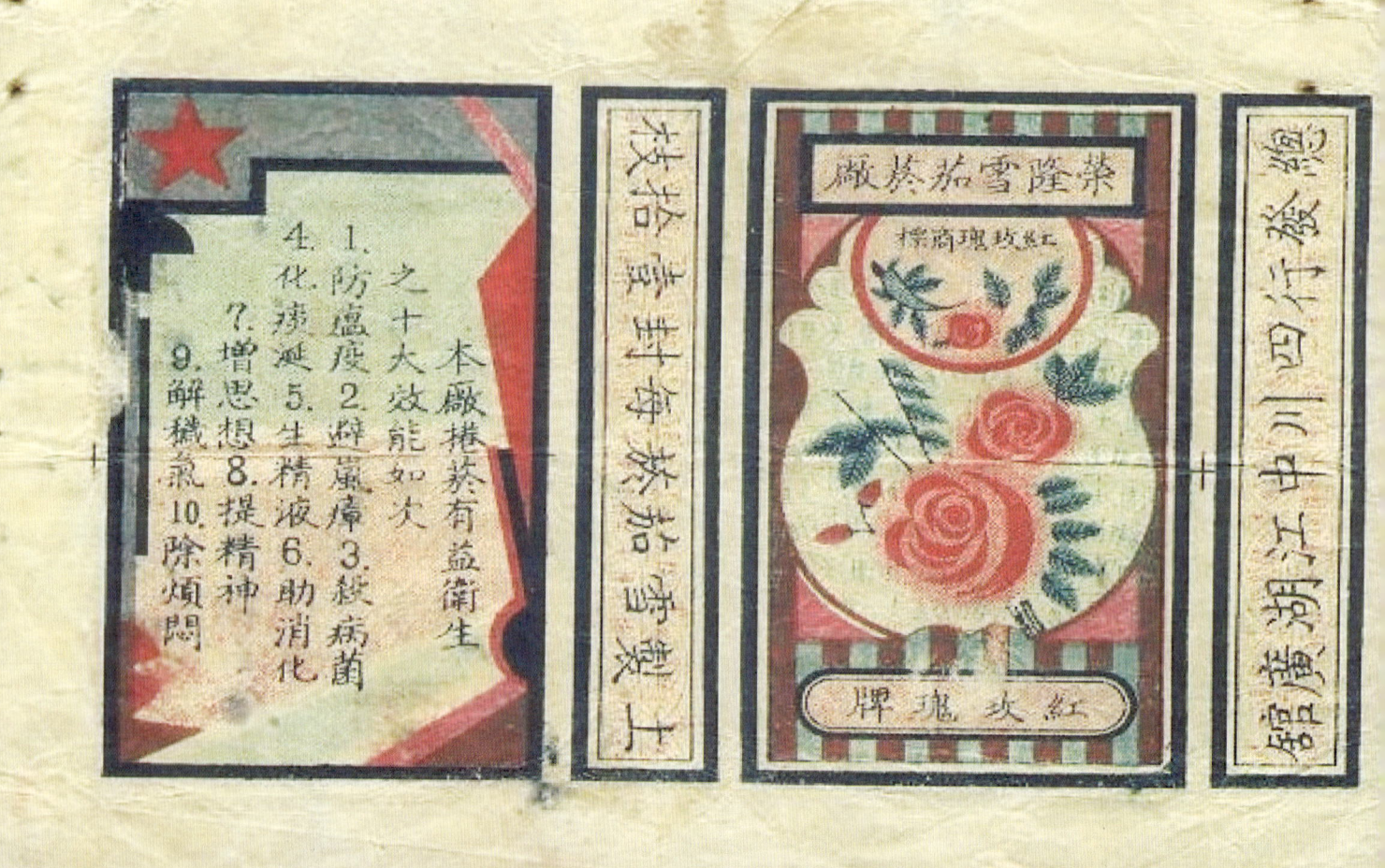

第三章　中国雪茄文化品牌构建与中国晒晾烟雪茄定义的理论探索

10 雪茄烟

Lujia·Yan

雪茄烟

10 雪茄烟

贵州省毕节县雪茄烟厂

和高校力量，对雪茄农业基础研究实行倾斜政策，重点聚焦什邡烟区出产世界顶级晒烟原料这一事实展开理论论证，确定研究项目。围绕什邡地质、土壤、气候和雪茄烟叶选育、种植、大田管理、晒晾调制等开展产学研合作，持续强化什邡出产世界顶级雪茄烟叶理论论证。雪茄博物馆要及时将相关研究成果整合到中国雪茄、长城雪茄原料文化体系中，并做好宣贯。

二是雪茄匠心文化体系打造：推进"秘制132雪茄制作技艺"国家级非物质文化遗产项目申报，聘请专业咨询机构对1918年以来涉及长城雪茄的历史文献、实物档案进行系统梳理、研究，在服务好雪茄制作技艺传承与创新需要的同时，争取每年都能形成新的宣传文案，为世界雪茄客讲述中国雪茄匠心故事提供素材。雪茄博物馆将相关素材整合到长城雪茄匠心文化体系中，做好宣贯。

三是领袖茄客文化体系打造：重点围绕"132"特需雪茄历史，建立同中央档案馆、中央文献研究室、中影公司、人民画报社、外交部、卫计委等单位和部门档案机构的联系，协助长城雪茄厂开展历史档案信息挖掘工作。系统收集1950—1980年期间所有解密的党和国家领导人内政外交活动中

方亭

注册　商标

地方国营益川烟厂出品

十支装方亭牌

每包壹拾枝

方亭牌捲菸

开展比学
赶帮运动

厂　址

四川省什邡县外南街

十支装方亭牌

金堂

金堂
机制雪茄

10   10

金堂机制雪茄   金堂机制雪茄

四川省
温江地区工农烟厂

十支装

厂址：四川什邡

XUE JIE

Jin Tang

与雪茄相关的照片、视频和背景材料；利用收集整理的照片和视频资料，结合大航海历史，助力长城雪茄国内国际市场扩张，进一步提升中国雪茄文化宣贯认同感、针对性。

二、关于长城雪茄品牌文化体系落地、发挥功效的建议

在持续推进长城雪茄品牌文化体系构建的基础上，持久、系统地强化文化宣贯，营造科学、健康、理性的良好舆论氛围，发挥好品牌文化软实力，更是雪茄品牌文化得以落地和发挥效能的有效途径。

一是长城雪茄品牌文化如何在国内落地、发挥功效：在公司、雪茄厂的指导下，中国雪茄博物馆协同雪茄营销中心深入各省市雪茄市场营销第一线，开展面向雪茄消费者、零售商的长城雪茄文化宣贯，让中国长城雪茄品牌文化入脑入心。积极推进长城雪茄网络文化内容开发与传播，营造理性消费环境。

二是长城雪茄品牌文化如何在国际市场落地、发挥功效：在公司、国际业务部、雪茄厂的指导下，中国雪茄博物馆积极开展面向国际雪茄经销商的长城雪茄文化宣贯活动，让其接受中国雪茄文化、长城雪茄文化的先导性宣传和教育，系统了解长城雪茄的原料文化、匠心文化和茄客文化，通过实地参观走访，增强国际雪茄经销商对长城雪茄的市场信心。

三、关于进一步筑牢长城雪茄品牌文化体系根基、做实做强中国雪茄博物馆的建议

一是逐步改变馆藏物品征集方式：博物馆在雪茄厂、博物馆的网络媒体上开设专门的征集窗口，虽然可能会征集到部分藏品，作为博物馆的核心资源积累，但这种方式不仅积累速度慢，而且普遍质量不高、不够系统化，也难以满足当前助力长城雪茄打造世界领先品牌的迫切需要。针对藏品征集面临的困境，应逐步借鉴中国烟草博物馆的相关管理制度，在公司相关业务部门指导下主动出击，在藏品交易、拍卖交易网站等公开渠道进行有偿征集；同时积极开展雪茄文物信息征集，向个人收藏者有偿购买具有重大历史和文化意义的雪茄物件，厚植博物馆藏品核心资源。

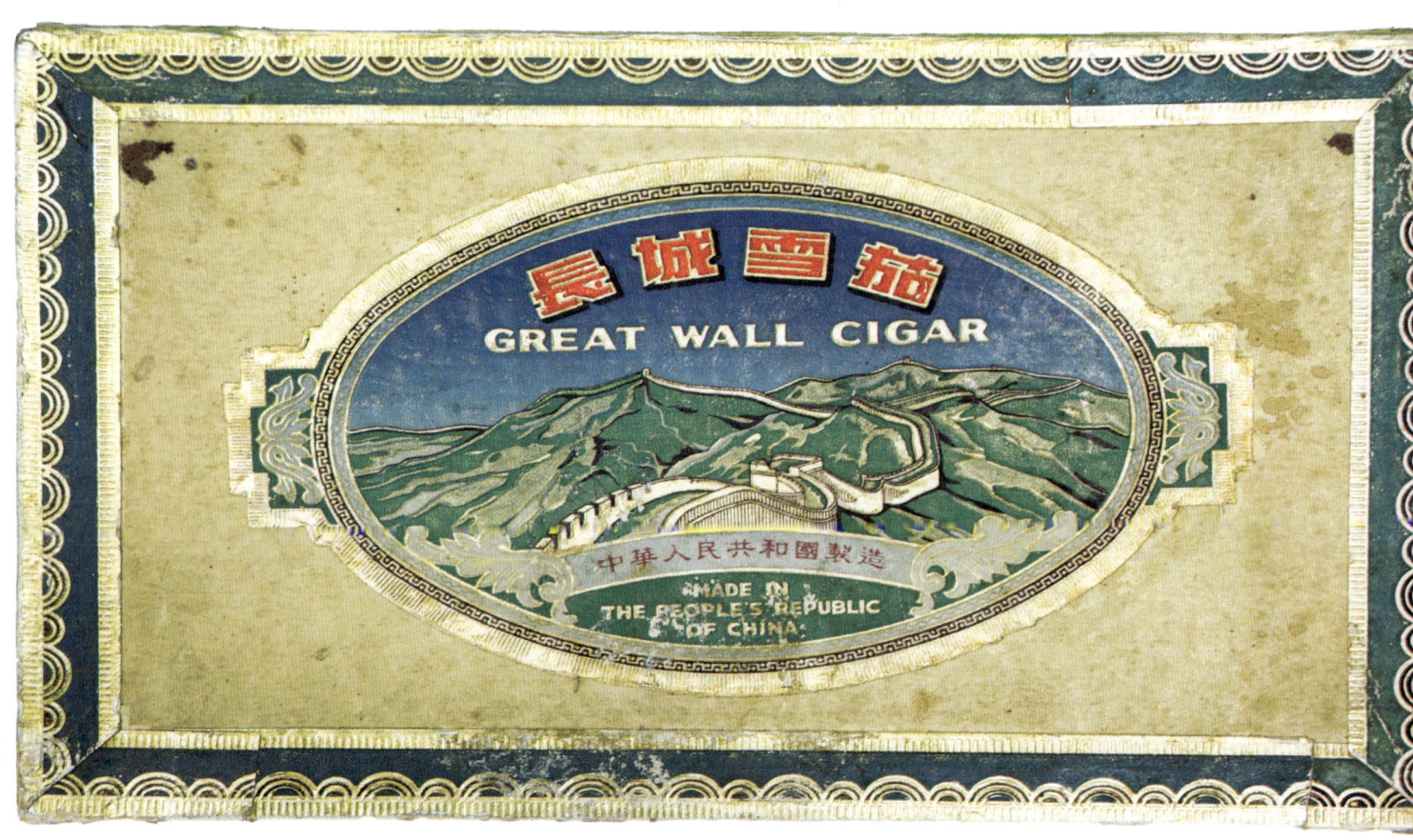

二是进一步加强馆藏物品与雪茄文化宣传：围绕博物馆藏品，聚焦中国雪茄文化、长城雪茄品牌文化提升加强宣贯。这部分工作主要是保证中国雪茄博物馆抖音、头条、微博的文创内容持续开发、发布与运营管理以及国际国内文化传播，协助长城雪茄厂做好品牌文化宣贯的巩固和提升，努力建成长城雪茄品牌文化与普通公众的良性互动桥梁，助力营造良好的雪茄消费社会环境，并扩大长城雪茄的国内外市场影响。

三是切实加强雪茄文化论坛交流：举办雪茄文化论坛、联展和学术交流活动是博物馆培养长城雪茄意见领袖、扩大雪茄文化认同的重要手段。博物馆将根据长城雪茄原料文化、匠心文化、茄客文化研究取得的最新成果，积极参加雪茄文化交流论坛和国际雪茄学术交流活动。

四是进一步夯实同雪茄文化研究团体与媒体合作：与专业文化研究机构、专业雪茄媒体、学术团体合作，有针对性地开展世界雪茄、中国雪茄、长城雪茄的热点话题研究，努力构建良好的媒体关系，争取每年以中国雪茄博物馆名义在国内外雪茄专业媒体、社会媒体上刊登长城雪茄文化研究论述、博物馆展览展示主题广告，影响资深雪茄人士的价值选择，扩大长城雪茄品牌影响力，进一步增强长城茄客选择主动性、自豪感、忠诚度。

中国作为世界烟草强国、雪茄消费潜力

中国雪茄文化研究

大国，拥有什邡世界顶级晒烟原料，"秘制132雪茄制作技艺"凝结的科技与匠心，以伟人等开国领袖和切·格瓦拉、尼克松等外国领导人为代表的领袖茄客群体，只要坚持以习近平文化思想为引领，下定决心、咬定目标、持之以恒，一定能够成功打造出具有国际影响力的长城雪茄品牌文化体系，发挥出雪茄文化软实力对打造世界领先品牌的加乘效应。

第四节
中国雪茄风格定义的核心要素及其形成的历史脉络

本节提出了中国雪茄风格定义的四大核心要素，通过分析其形成的历史脉络，得出长城雪茄"醇甜香"最符合中国晒烟型雪茄风格定义和中国消费者雪茄口味偏好的判断，并结合风格定义及其形成的历史脉络，提出关于推进中国晒烟型雪茄产业高质量发展的三点思考。

甲午战争失败后，清政府鉴于巨额战争赔款带来的经济压力，被迫放开民办商业限制，民族资本借机进入雪茄制造产业，四川、上海、湖北、山东、安徽等优质晒烟产区或烟草商业重镇出现了一股创建雪茄生产作坊和企业的热潮，例如：1895年，吴甲山在四川中江开办雪茄作坊；1897年，安徽蒙城雪茄作坊受李鸿章委托开始仿制欧洲雪茄；特别是1918年四川什邡益川工业社的成立，开创了中国雪茄专业化分工

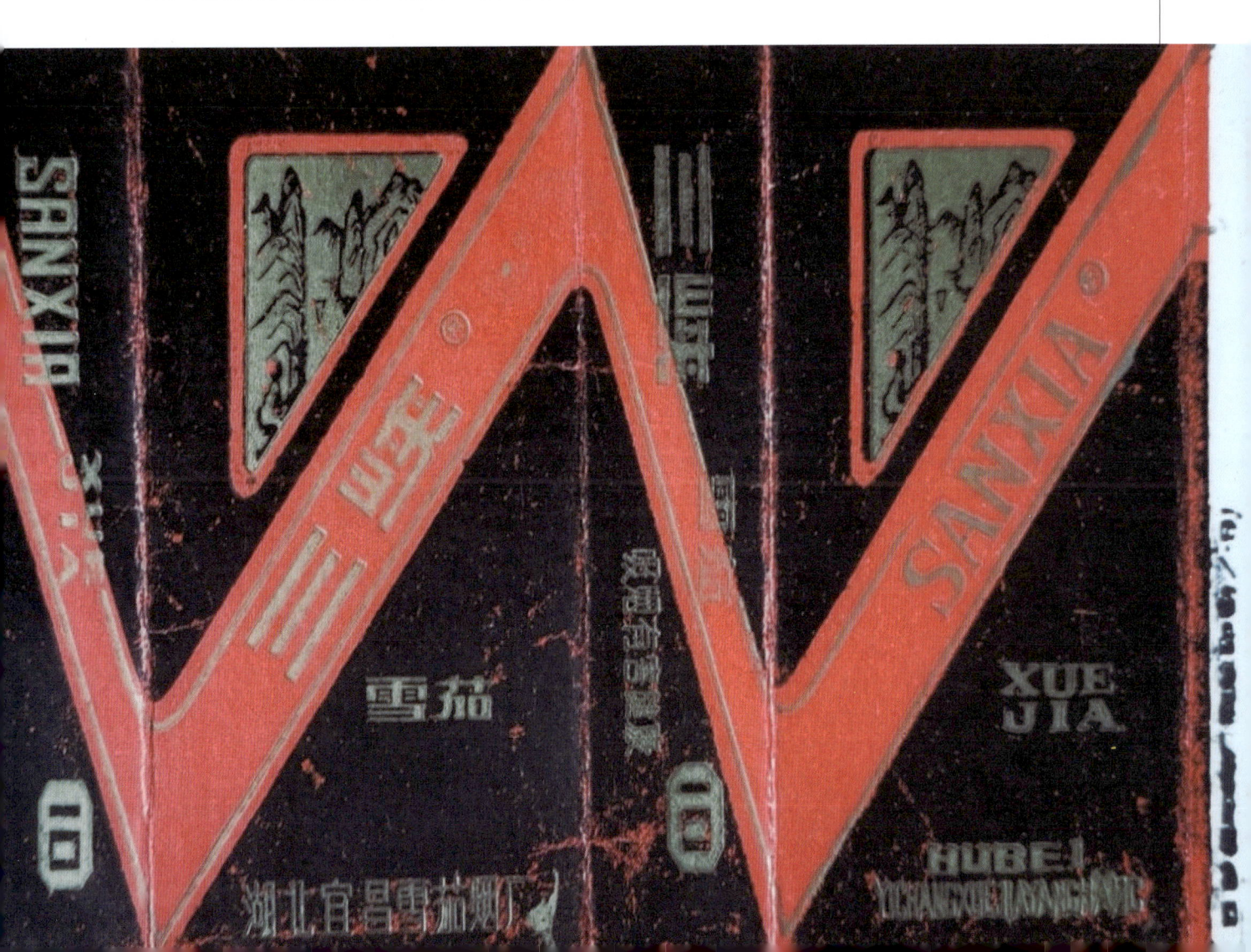

的工业化生产历史。新中国成立后，随着机制卷烟普及，香烟因其消费的便捷性几乎对雪茄烟尤其是手工雪茄造成了毁灭性的冲击。

2000年前后，除了四川、安徽（1970年代中期开始雪茄工业化生产）两家烟草企业维持手工雪茄生产销售外，其余的烟草企业都逐步停止了该项业务。20世纪第一个十年，中国雪茄市场开始呈现恢复发展态势，雪茄销量增长迅猛，湖北中烟、山东中烟又相继恢复了手工雪茄生产销售。

在欧美雪茄文化影响下，以晾晒烟叶作为雪茄原料制作的晾烟型雪茄目前占据了全球90%以上的市场份额，对世界雪茄产业发展拥有着近乎垄断性的话语权。中国雪茄产业面对世界雪茄产业现实，都在围绕中国雪茄产业高质量发展，思考如何谋变与突围，其中打造独属风格的雪茄新品类成为技术研发和雪茄文化论述的关键着力点。2008年，湖北中烟首次提出"中式雪茄"的概念，随即有关学者、业内人士从不同角度提出了各自具有代表性的定义标准。譬如，有业内人士提出，"文化内涵要彰显中国元素，产品口味要适合中国消费者偏好，营销模式要形成中国特色"，才可以称为中国雪茄；也有业内人士认为，中国雪茄从包装到口感，都要寻找中国人熟悉的味道，做出一些中国人自己的情感

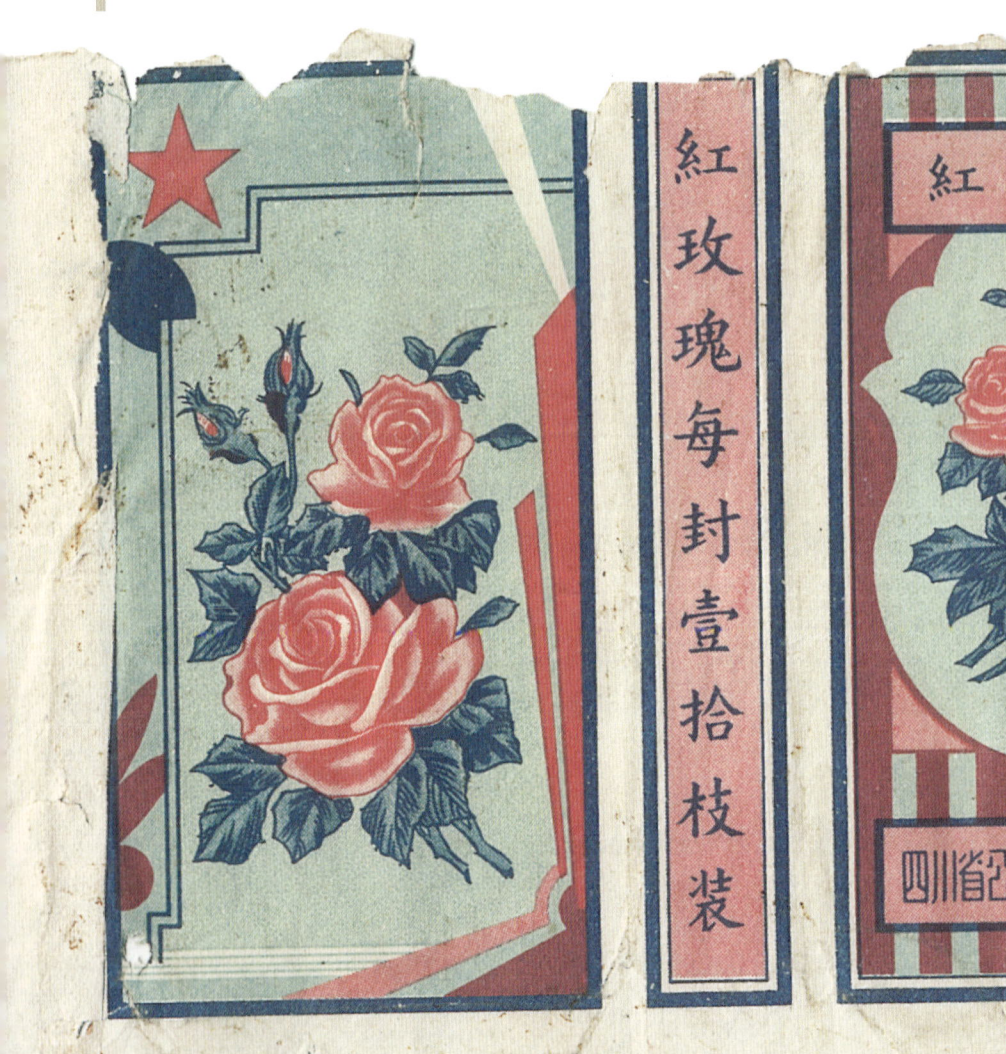

和韵味,让其更符合国人的审美和价值取向;更有学者直接指出,所谓中国雪茄,就是中国境内生产、以国内烟叶原料为核心、符合国人口味、体现中国雪茄卷制技术、蕴含中国文化因子、遵循中国雪茄标准的雪茄。

关于中国雪茄应具备的风格,长城雪茄厂以什邡种植历史长达三百多年的优质毛柳晒烟为依托,于2018年12月将延续百年、融合了"醇、甜、润、绵"四大特色的风格特征正式命名为"醇甜香"。有的雪茄品牌提出了中国雪茄"雪雅香"的风格定义,也有的雪茄品牌根据自己的理解,分别提出了"香、甜、净、柔、醇"以及"香气纯正淡雅、口感醇和饱满、余味甘爽回甜"的雪茄产品风格定义。

从上述各种定义来看,除了个别学者提出了较为具体、形象的定义标准外,业内人士和企业更多倾向于用学术的、带有个体主观感性色彩的话语进行描述,这种定义方式比较抽象,普通消费者难以听明白、弄清楚,也无法进行有效的口碑传播。而且,这种定义方式可能会让雪茄风格概念的落地因人而异、因时而异,甚至对同一说法有完全不同的个人理解,让雪茄风格特征的稳定性和品质保障存在一定的隐患。对中式雪茄理解的不同,也使得部分国产雪茄的包装风格设计暗含的品牌价值要素概念不够清晰、民族特征有待加强。

峨眉雪茄

Ombr
CIGAR

中华人民共和国制造
MADE IN THE PEOPLE'S REPUBLIC OF CHINA

十 支 装

10 OMBR CIGAR
10 OMBR CIGAR

目前，尚未见学者通过系统梳理中国雪茄、中国雪茄风格百年演进历史，从雪茄文化认知与传播便捷性的角度来提炼和定义什么是中国雪茄、中国雪茄风格。以此为基础，进一步克服普通民众对中国雪茄、中国雪茄风格听不懂、说不清，无法进行口碑传播的不足，避免技术人员对专业术语存在主观认知差异导致的潜在风险。这也是本节的主要创新点。

一、中国雪茄及其风格定义应具备的核心要素

从传统的、一般消费者的认知上讲，雪茄指的是全叶卷手工雪茄，即用烟叶卷制而成的手工烟草制品。从外形上看，雪茄是指全部由烟叶构成的柱形烟支，最里面的是芯叶，包裹在芯叶外的是内包皮叶（茄套），卷覆在最外面的是外包皮烟叶（茄衣）。按照制作传统，它一般只采用优质晒烟或晾烟为原料，不用烤烟。本节所指雪茄即全叶卷手工雪茄。

早在 16 世纪初叶，美洲烟草就通过葡萄牙人的大航海活动传播到了中国沿海口岸，此后经过一百年的持续选育和商业选择，到 17 世纪初叶，已形成种类繁多的符合中国烟草爱好者偏好的烟草新品种，中国产晒烟在那时就由舶来品成为地道的中国土产。中国最优质的烟叶产区一般位于北纬30°内陆地区，属于较高纬度、较高海拔地区（500 米左右），烟叶收获调制季节高温天气少、温差小、低风，以阴雨天气居多，农业调制以晒为主，晾为辅，也被称为晒烟或晒晾烟，例如什邡所产优质晒烟，它被广泛用于鼻烟、水烟、斗烟（旱烟）、雪茄烟以及卷烟（香烟）的生产制造。基于这一认识，我们认为，中国雪茄、中国雪茄风格定义至少应具备以下几个核心要素。

一是茄芯原料必须以中国本土晒烟良种生产的优质烟叶为主。雪茄味道的主体风格由茄芯烟叶品质标定，如果一支雪茄的茄芯原料主要来自美洲地区，雪茄消费者品味到的必然也是主要来自美洲地区生产的烟草的味道，而不是其他地方烟草的味道。从这个意义上讲，无论是从一般消费者最朴素的感性认知来讲，还是从理性判断来看，中国雪茄风格都应是来自中国本土晒烟品种所生产的优质烟叶的味道。

这里介绍一款上世纪六七十年代畅销国际市场的长城高级雪茄茄芯烟叶配方："什邡一级糊毛烟占比 50%，一级新都红柳烟占比 20%，二级新都红柳烟占比 15%，四级、

五级桐乡红烟占比5%。"（新都与什邡只有一河之隔，柳烟也是什邡的主产名优晒烟）

因此，中国雪茄及其味道风格，最核心的要素是以中国本土培育晒烟品种所生产的优质烟叶作为茄芯主要原料。

二是这种风格必须是经历了漫长的历史和长期的积累形成的。能被定义为典型的中国雪茄风格，一定是中国雪茄独特的、具有代表性的风格，这种风格必然是生产企业经历了漫长的摸索和商业选择后，采用了独特的国产雪茄烟叶制作技艺，最终得到中国大多数雪茄消费者和领袖级雪茄客的认同，延续至今未曾被市场所摒弃的风格。

三是这种风格应具备极大的包容性。它能实现对大多数中国雪茄口味的兼容并蓄，是中国雪茄风格的最大公约数，主要体现在三个方面：形成这种风格所使用的茄芯烟叶来自经历几百年选育后，中国种植面积最大、质量最好、使用量最大的晒烟品种；这些晒烟品种的种植之地拥有与原产地什邡相似的地理、土壤与气候条件；采用了相似的烟叶调制和发酵工艺技术。

四是这种风格应具备显著的可识别性。这种可识别性的形成来源于历经几百年选育出的中国优质晒烟品种、中国核心晒烟产区出产的优质烟叶、独特的中国雪茄烟叶调制与发酵方法。三个因素叠加，让普通雪茄客能迅速且有效地识别出一支雪茄是否属于中国雪茄。

二、中国雪茄代表性风格形成的历史脉络

中国四家雪茄生产企业根据自己的产品特征，分别提出了对中国雪茄风格的理解，并给出了相应的定义，但是否妥当有待商榷。

这里结合本节提出的四大核心要素，系统梳理中国雪茄风格形成的历史脉络，以期能够得出一个符合历史实践、更为中国雪茄消费者认同的中国雪茄及其风格定义标准。

首先，从现有雪茄生产企业主导产品规格茄芯采用的烟叶原料来源看：部分雪茄生产企业在其旗舰产品、主导产品规格系列中强调，采用了精选的"美洲上等雪茄烟叶，运用先进科学的生产工艺，并融合南美先进制作理念"制作而成；或者强调所用茄芯原料全部来自多米尼加、尼加拉瓜、巴西等地，运用独特的中国传统雪茄制作工艺开发而成。由此可见，这些企业主导产品规格茄芯所用烟叶原料来源为美

独特优雅长辫

洲，但运用中国雪茄制作技艺对美洲雪茄烟叶进行精心修饰后形成的雪茄风格特征，其本源仍然是美洲雪茄烟叶，从这个意义上讲，这些企业主导产品所倡导的不能完全算是中国雪茄风格。与之对应，长城高端雪茄主导产品规格均采用什邡核心烟区的优质毛柳晒烟作为茄芯特色原料，运用独特的基于晒烟的"132秘制发酵"技艺与最新创新工艺科研成果制作而成，从雪茄烟叶原料味道溯源的角度看，长城雪茄"醇甜香"风格可以称为中国雪茄烟叶的味道。

其次，从现有雪茄生产企业提出的中国雪茄风格历史延续性看：安徽雪茄生产始于蒙城，1970年代中期依托当地优质晒烟开始了工业化进程，提出过"香、甜、净、柔、醇"雪茄产品风格定义；湖北、山东依托本地优质晒烟资源，提出了"雪雅香"

以及"香气纯正淡雅、口感醇和饱满、余味甘爽回甜"等产品风格概念，但由于受市场需求萎缩影响，都曾在一定时间内被迫完全停止手工雪茄市场销售，以中国特色晒烟为基础形成的传统风格延续时间较短或者未得到持续发展。一百多年来，从益川工业社时代开始，长城雪茄一直坚持以什邡烟区优质毛柳晒烟作为其茄芯特色原料，先后创新开发了"糊米发酵""王氏醇味发酵""132秘制发酵"等雪茄制作技艺，形成了较为完整的中国晒烟型雪茄风格技术支撑与保障体系，让以毛柳晒烟为基础的"醇甜香"雪茄风格特征一直传承延续至今，是中国唯一一个持续百年未被市场所抛弃的雪茄味道，唯一一个得到中国最大多数茄客、新中国国家领袖认同、喜爱的中国晒烟型雪茄。

RATED
89
★★★
CIGAR JOURNAL

国际盲评·89分高分

长城·虎年生肖版
生/肖/年/份/级/雪/茄

2022
壬寅年
CHINESE YEAR

虎
—
满
—
乾
—
坤

长城雪茄

中国雪茄领军品牌

2022
福
虎年大吉

Ring 53

Length 135 mm

Cigar GREATWALL 长城·揽胜1号

最具国际范的手工雪茄

Length: 150 mm
Ring: 52

RATED
85
★★★★☆
CIGAR JOURNAL

首次上榜 Cigar Journal 盲评的中国雪茄

2017年,揽胜1号在国际雪茄权威杂志 Cigar Journal 盲评中获得85分的高分（总分100分）。

第三章 中国雪茄文化品牌构建与中国晒晾烟雪茄定义的理论探索

第三，从现有雪茄生产企业提出的中国雪茄风格包容性看：根据德阳市烟草公司统计，中国晒烟产区所采用的烟种，80%以上是什邡毛柳晒烟以及在其基础上培育出的新品种。这些晒烟被广泛种植在与什邡拥有相似地理、气候的环境中，也是中国雪茄企业手工雪茄生产中使用最多的国产晒烟原料，味道与什邡烟区毛柳晒烟风格极其相近。长城雪茄中高端产品所用茄芯特色原料主要来自什邡核心烟区，其产品规格所展现的"醇甜香"风格实现了中国雪茄风格的极大化解释，具有极大的包容性。

第四，从现有雪茄生产企业提出的中国雪茄风格可识别性看：根据公开的烟叶原料信息，大部分雪茄生产企业的"中国风格"雪茄几乎都是采用美洲晾烟再加上独特的中国传统雪茄制作技艺（工业发酵调制）

制成，其主体风格与晾烟型雪茄具有较大的相似性（雪茄味道的形成七分原料、三分工艺），资深的雪茄客吸食后不难做出其茄芯原料主要来自美洲地区的判断，这种类型的"中国风格"雪茄与全球市场占有率最高的晾烟型雪茄相比可识别性较低。一百多年来，长城雪茄一直坚持采用什邡烟区所产优质毛柳晒烟作为茄芯特色原料，运用独创的"糊米发酵""王氏醇味发酵""132秘制发酵"等创新技艺，形成了一套完整的中国晒烟型雪茄技术支撑体系，精心打造形成的"醇甜香"风格不仅得到了中国雪茄消费者的肯定与喜爱，更是实现了中国雪茄风格的可识别化，让资深雪茄客能在第一时间判断出它拥有与晾烟型雪茄不同的风格特征。

根据中国雪茄风格定义的核心要素，通过梳理中国雪茄企业所提出的中国雪茄风格及其形成的历史脉络可以发现，目前国内多数雪茄生产企业所提出的味道特征，几乎都是采用美洲晾制烟叶经各企业独特的传统雪茄发酵工艺精心修饰后形成的，是晾烟型雪茄风格在中国的适应性改造。它们在中国雪茄风格应具有的包容性、可识别性和历史延续性上存在不足。

与此对应，长城雪茄主导提出的"醇甜香"中国晒烟型雪茄风格，突出了中国什邡毛柳晒烟在茄芯原料中的特色地位，延续百年的制作技艺传承未曾中断，实现了对中国传统雪茄味道风格的极大包容以及与晾烟型雪茄味道的有效区别。特别是近年来，长城雪茄通过联合国内国际雪茄生产企业，积极开展中国雪茄共性技术的研发和转化，已建立一套符合最大多数中国消费者传统口味、适当兼顾世界主流雪茄风格的中国雪茄技术支撑体系，领先打造的长城雪茄风格相关技术标准进一步固化，将"醇甜香"称为中国雪茄味道风格实至名归。

据此，本节运用世界上农产品加工制品通用的原料原产地概念，给出最简单、具体、形象的中国雪茄及其味道风格定义：采用中国本土培育的晒烟优良品种、少数几个核心烟区出产的优质晒烟作为茄芯特色原料，经中国传统晒烟调制与发酵工艺处理后卷制的雪茄即为中国雪茄或中国晒烟型雪茄（也可称为晒烟型雪茄）；采用中国什邡烟区优质毛柳晒烟作为茄芯特色原料，经过以"132秘制发酵"技术为基础构建的调制工艺处理的烟叶所卷制的雪茄，即具备中国晒烟型雪茄"醇甜香"风格。这一定义标准从最大程度上克服了抽象的学术语言带来的大众口碑传播难题，也有效避免了不同人员主观认知差异带来的产品质量管控潜在风险。

三、关于推进中国雪茄产业高质量发展的三点思考

一是坚守中国雪茄（茄芯原料主要采用国产优质晒烟）制作技艺传统，才能开辟新赛道、创造新品类，实现与晾烟型雪茄的错道竞跑。从雪茄茄芯的传统用料来看，晾烟型雪茄主要采用红花烟及在此基础上培育的晾制烟叶品种，而中国雪茄传统上主要采用特色晒烟。在学习借鉴晾烟型雪茄先进制作技艺的过程中，要始终坚守中国雪茄制作技艺的优秀传统，不能因为中国晒烟型雪茄短暂的市场弱势地位就加以怀疑甚至否定。要始终坚守特色晒烟在茄芯原料中的主体地位，这是中国晒烟型雪茄风格形成的关键，唯有如此，才能将共道跟跑转换为错道竞跑，最终实现中国晒烟型雪茄对晾烟型雪茄的超越。

二是在对标晾烟型雪茄优秀品牌的过程中，重在学习与借鉴，不能否定优秀的中国晒烟型雪茄制作传统。由于历史欠账，中国传统的晒烟型雪茄在国际市场上还处于弱势地位，我们要以古巴等晾烟型雪茄优秀品牌为师，学习他们的先进做法，弥补我们的短板与弱项，这是后发品牌成长的必由之路。

三是要建立中国晒烟型雪茄文化联盟，实现同频共振，协同发展。要引导国内所有雪茄生产企业、雪茄文化研究者、雪茄文化传播媒体，建立中国晒烟型雪茄文化推广联盟，共享长城雪茄创立的中国晒烟型雪茄话语、叙事体系，用同一个声音，持续地讲述中国雪茄、中国雪茄风格故事，在共同推进中国雪茄产业高质量发展中，维护好国家利益、消费者利益。

参考文献

[1] 韦祖松.析释"中式雪茄"的特点和发展现状[J].广东经济，2020（11）：82—89.

[2] 孙东亮，孙一凡，李华等.烟草包装设计的历史发展与展望[J].中国烟草学报，2022（6）：115—126.

[3] 金熬熙.雪茄烟生产技术[M].北京：轻工业出版社，1982：1, 44.

[4] 白远良.中国烟草发展历史重建——中国烟草传播与中式烟斗文化[M].北京：华夏出版社，2022.

第五節 調查及材料整理之時間

菸草之成熟收穫時間，約於六七月間，而運銷以八底九初為最旺，故此次調查亦分二次舉行，自二十八年六月十八日起，至七月十七日止，復於九月一日起，迄十二日止，費時四十日，歷經新都、廣漢、什邡、郫縣、灌縣等縣。什邡之索菸，郫縣之笆菸產量最宏，故以該二地為中心，調查較詳，費時亦多，至其他各地，或居留一二日，或二三日，最多不過三四日，故調查僅以各該地特有情形為原則，如有多餘時間，再及與其他各地之共同情形，復經三月之整理與分析，始成斯篇。

第二章 生產

第一節 生產區域

菸草係川省特產之一，其產區以川西各縣為主，其中尤以什邡、新都、郫縣等處產量為富，綿竹、金堂、彭縣、廣漢等處次之，至川東、川北、川南各縣，雖亦多有出產，但為數極微，不足稱道。其平時市上所售菸類，大都來自西川，各縣所栽菸草，雖同屬曬菸，然曬菸方法及用途不同，又分別為二：一曰索菸，以其綁於繩索上曬乾而得名，其菸葉多用作捲菸，或製雪茄。如什邡、金堂、新都、崇慶、德陽等縣全部之菸及嘉定、綿竹、灌縣、溫江等縣之半數均屬於是。二曰笆子菸，因菸葉夾於竹笆子內曬乾故名，其菸葉多飽成絲烟，作皮絲烟（水烟）之用，其菸淡，故又名淡菸，如郫縣、崇寗等縣之全部產量，與綿竹、溫江、灌縣、嘉定之半數均屬之。其他產菸縣份雖多，然數甚少，農家種以自用也。茲將川省各縣產菸種類詳列第一表：

第一表 四川省各縣產菸種類

縣別	產 菸 種 類
什邡	壳毛，大樹柳葉，毛菸，甲葉秋毛，夾毛，蠶頭，蠶二，幺葉。
綿竹	伏泉，環子幺葉，土毛，夾毛，毛菸，秋毛，大樹，順草，二菸。
郫縣	大菸，順草，二菸，蠶折幺葉，對掛毛菸。

四川省菸草調查

第五节
中国长城雪茄"醇甜香"风格的前世今生

一个雪茄品牌,其风格特征的形成需要历史的积淀,得到最大多数雪茄客的广泛认同,中国长城雪茄"醇甜香"风格也经历了长达百年的探索才得以确立。

1514年,随着葡萄牙人乔治·阿尔瓦雷斯登陆广州屯门,美洲烟草消费文化也被带到了中国;第二次鸦片战争爆发后,欧美雪茄爱好者开始引领中国中上阶层的雪茄消费浪潮。1918年,益川工业社开启了中国雪茄工业化、专业化纪元。国产雪茄萌发、兴盛、调整和再度高质量发展的百年发展历程,也是雪茄根植中国沃土,追逐蜕变与中国化的历程。

回望一百年来什邡雪茄工业的技术和产品发展历程,我们惊喜地发现,2018年长城雪茄提出的"醇甜香"风格特征,早在100年前就播下了种子。什邡雪茄开启了打造中式雪茄品类的筑梦之旅,历经曲折而矢志不渝,终成一派!

一、"醇甜香"的前世——百年积淀

中国什邡,地处龙门山中段前沿,距离印度洋、太平洋都有一千多公里,亚热带湿润季风气候、优质的冰川水源、肥沃的紫色砂壤土、一晴六阴(雨)的天气,赋予了这里烟叶种植、晒烟调制极佳的自然生态条件,所产烟叶颜色均匀、身份适中、组织细致、油分充足,清甜、蜜甜香韵突出,豆香、坚果香、辛香、果香等芳香怡人,清嘉庆年间即成为贡烟之上品。

1918年,王叔言以什邡优质毛柳晒烟原料为依托,创建益川工业社从事雪茄生产,先后创立了爱国、工字、淡芭菰等雪茄品牌,也开始了中式雪茄风格和烟叶发酵技艺的艰辛探索。围绕实现"香、醇、适口"的雪茄风格特征,王叔言在沿袭"自然发酵法"的基础上创建了"糊米发酵""加料装箱发酵"等雪茄烟叶发酵制备技艺。从20世纪20—40年代的益川工业社雪茄产品烟标上,我们可以清晰地看到它对产品风格特征的推介描述:

20年代的爱国雪茄烟:"香美适口,裨益卫生,吸之能使人精神爽快,不忍释手,早已驰名中外,今更大加改良,以飨吸者。"

30年代的工字卷烟(雪茄):"工字卷烟,吸用简单;材料优良,胜过全川;不加杂品,香美天然;通泰楼火,如虚退还;欢迎赐顾,价值从廉。"

40年代的益川门改良淡芭菰香烟(雪茄):"是用新造器材,变更制法,能免除闭塞不通及夏秋发霉之弊,其烟气味醇香,无刺激性,无毒性……"

提倡國手工業發展生產
改用國貨挽回利權

愛	美	精	釋	中	改
國	適	神	手	外	良
雪	吸	爽	早	今	以
茄	之	快	已	更	饗
蒸	能	不	馳	大	吸
香	使	忍	名	加	者

假冒甚多吸者注意

愛國牌小雪茄香菸

註冊商標

愛國

中華特產

四川什邡益川五業社

盟門川中華牌特產香烟

淡巴菰

四川什邡益川工業社

超出國產一切捲於

勝過外來雪茄香味

益川門改良淡芭菰香菸是用新造器材交更製浩能免除閉塞不通及夏秋幾霉之弊其菸氣味醇香無激刺性無毒性有潤喉化痰治咳及驅除一切穢氣奏氣助長精神之功效故欲慎重衛生強健身體者不可不吸淡芭菰香菸

工字牌改良葉捲菸
註冊商標

注意
假冒

四川什邡益川社製

提倡手工建設後盾

改良土產扺制外貨

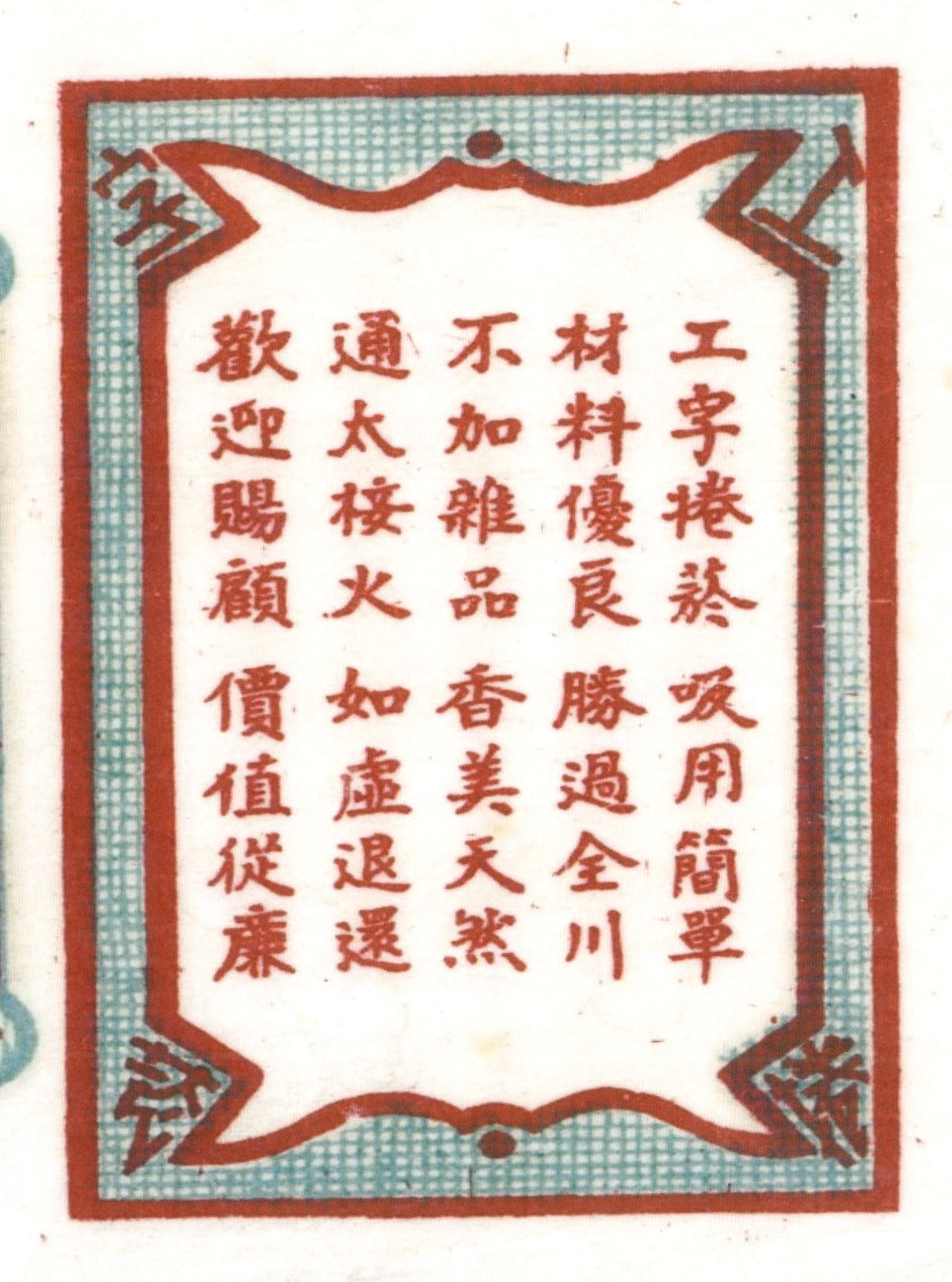

工字捲菸 吸用簡單
材料優良 勝過全川
不加雜品 香美天然
通太棪火 如虛退還
歡迎賜顧 價值從廉

中江雪茄

中江县凯江烟厂

中江

雪茄

Xue Jia

中江县凯江烟厂

10

十支装

可以看出，益川工业社从 20 年代就开始突出强调其雪茄口感舒适，具有优美的香气特征与卓越的香气品质；30 年代进一步突出强调天然的香气品质来源于优良的烟叶原料，没有添加任何杂质；到 40 年代，益川工业社进一步突出其雪茄因卓越的品质、优良的制造工艺，不仅气味香美，更具醇和口感。至此，益川雪茄追求的醇和口感与优美香气风格得到初步确立。

1958 年，根据中共中央和国务院的工作安排，全国优质烟叶原料和人力资源被调集起来，在广泛评价筛选基础上，最终选定什邡毛柳晒烟，成功开发出新中国第一款以出口为导向的高级雪茄。1964 年受到伟人青睐，在原有发酵技艺基础上，再次通过创新成功开发了"秘制发酵"（后称 132 秘制发酵）技术，其"香、醇"的风格特征得到进一步彰显与固化。在 1973 年 3 月 3 日的台历广告上，我们可以看到长城雪茄以极其坚定和简洁清晰的话语概

什邡举办晒烟展销会

本报讯 什邡县财贸部门通过举办晒烟展销会疏通渠道，为晒烟等农副产品打开了销路。展销会从去年 11 月 10 日开幕到 12 月 10 日止，已有 17 个省市的 450 多名代表和省内各地的群众参加了交易，购销总额达到 2653 万多元。其中销售额 2230 万元，销售额中，晒烟、雪茄等农副产品占 57%。

什邡晒烟是著名的土特产品，又是社队的一项大宗经济作物。近几年，随着党在农村经济政策的落实，晒烟种植面积扩大，全县总产达 17 万多担，除完成国家派购任务外，还有较多的烟叶需要出售。为了帮助社队和社员搞好晒烟的推销工作，县上特地举办以晒烟为主的展销会。展销期间，县土产公司、贸易货栈和糖业烟酒公司为社队陈列了糊烟、白毛烟、各种雪茄，以及粮食、肉类加工制品等的样品，并代为宣传和销售。共代社队签订了晒烟、雪茄、米粉、瓶酒等 57 种商品的合同；加上粮油食品公司、社队供销公司卖出的产品，销售额共为 1134 万元，占县外成交总额的 96%，其中售出晒烟 5603 担、雪茄 62,148 箱。同时，各财贸单位还购回了本地紧缺的奶粉、糖精、海椒、黄花、笋干等商品，供应农村市场。

1982 年 1 月 4 日《四川日报》第二版

括了其产品特征——"品质优良、烟味香醇",所定义的雪茄"香、醇"风格得到了共和国领袖和消费者的广泛认同。

2018年,长城雪茄在"132秘制发酵"技艺基础上再次进行大胆突破、采用什邡大泉坑毛氏烟田优质烟叶成功开发的长城雪茄·国礼1号参加世界著名的《雪茄杂志》(*Cigar Journal*)盲评,以其卓越的品质超越所有参评的国外著名雪茄品牌,斩获95分高分,赢得冠军荣誉,成为中国第一款世界鉴赏级雪茄,历经百年向世界雪茄客兑现了益川工业社爱国雪茄当年许下的"中华特产、环球无二"的庄严承诺。四川中烟党组面对这一来之不易的殊荣,欣慰之余,要求长城雪茄及时梳理、提炼益川雪茄工业创建一百年来雪茄产品的风格特征形成过程,在"香、醇"基础上,将前人认为理所当然而被忽略的什邡雪茄烟叶回甜舒爽风味明确定义为长城雪茄的风格特征之一。

至此,中国雪茄人、什邡雪茄人矢志不渝追寻的中式雪茄"醇甜香"风格特征得以最终形成并确立,这是对百年历史的高度凝练与科学总结!

二、"醇甜香"的今生——厚积薄发

长城雪茄所代表的中式雪茄"醇甜香"风格虽经百年积淀而成,但面对领军中国雪茄高质量发展、打造世界领先品牌的新征程,四川中烟党组居安思危、以"归零"的崭新国际化视野,于2019年正式启动"中式雪茄'醇甜香'品类构建关键技术研究"

重大专项,持续筑牢中国雪茄"醇甜香"品类基石,取得了一系列技术创新突破和重大成果:

"从物质基础剖析了'醇甜香'感官风格特征,充实了'醇甜香'质量内涵;以什邡烟区自然条件为基准,开展特色雪茄烟叶生产技术研究,在全国优选并建成了8个核心雪茄原料基地、6个产业园;突破雪茄烟叶发酵关键核心技术,形成了特色发酵技术体系;开展雪茄养护技术研究,建立了全球独特的特色养护技术;组建了中国雪茄烟创新中心。"

五年来,长城雪茄共计14款产品在雪茄国际盲评中获得《雪茄杂志》、*Cigars Lover* 杂志推荐荣誉,其代表的中式雪茄"醇甜香"品类,因卓越的"细腻醇和、蜜甜花香、清新果香、柔和木香、浓郁培香"特征获得国内外雪茄鉴赏家高度赞誉,10个产品规格获得90分以上高分,成为国际雪茄产业界具有较大影响的新势力。

用一百年时光,长城雪茄为中国雪茄乃至世界雪茄产业奉献了彪炳历史的耀眼华章:

1. 打造了一张靓丽的世界顶级雪茄烟叶原料名片——什邡毛柳晒烟;

2. 构建了一套完整的中国雪茄品类叙事体系、话语体系、制备体系——醇甜香;

3. 摸索出了一条中国雪茄发展壮大之路——国际化;

4. 赢得了中国雪茄产业的两大历史性荣誉——"132秘制"领袖雪茄、"国礼"雪茄。

"长城"雪茄选用全国名优晒晾烟叶、天然香料精工制成，长期免检出口。

Great Wall Cigar, made of finest air-cured and sun-cured Chinese tobacco leaf and natural perfumes manufactured with careful processing. has gained the licence of exempting from customs examination for exportation.

长城雪茄广告

附 录

中国优质晒烟传统产区分布

编者说明：16世纪初美洲烟草经巴西海岸、印度、马六甲进入中国，开始了它在中国大地上的本土化历程。为了让广大雪茄爱好者了解国产雪茄烟叶原料发展历史，本书特摘录1955年余学熙所著《烟草》中关于我国晒烟产区分布的章节附于书后。摘录时不做文字加工，仅增加部分图片以增强可读性。

我国晒烟，产量颇大，从事烟业生产的农民相当的多，且分布零散，与烤烟比较集中成为烟区的，有所不同。我国晒烟，多半产在长江流域和珠江流域，北方仅占少数。晒烟的主要用途本来是做旱烟或水烟用的，但现在也大量的作为下级纸烟用。其中一部分晒烟，也是外销物资。因此，从整个国民经济来看，其重要性并不亚于烤烟。

我国所有晒烟，从他的色泽来分，以作者的意见，可以分为两大类。第一类可称为深色晒烟，或紫老红烟，他的色泽深红或褐色，味较浓厚。第二类可称为淡色晒烟，他的色泽是淡黄色或橙黄色，烟味较深色晒烟为淡，但较烤烟为浓，两者的用途，亦各不同。

此外，我国所产的晾烟，为数不多，仅广西武鸣所产为最著名，所以并入深色晒烟中叙述。

第一节
深色晒烟

深色晒烟之中，著名的有下列数种。

1. 四川什邡索烟

什邡索烟在收获以后，挂在绳索上调制，所以称为索烟，见图一。什邡的徐家场、新都的督桥河一带所产，品质特佳。以前都由金堂县所属的曹家镇（靠近沱江）运销出口，所以也称为金堂烟叶，其实金堂所产索烟较少。

索烟在打顶时，每株上所留的叶片很少，叶片狭而长，很似柳叶，所以又称为柳叶烟。

索烟晒干以后，还要加工堆积发酵。发酵以后的烟叶，色泽深褐，带有黑色光泽。一部分的索烟是做雪茄用的，大部分的索烟是吸者将索烟剪成三寸长的一段，自己卷成雪茄，纳入烟管吸食。

索烟的烟味浓厚，携带方便无需包装，价格比较便宜，为广大西南各省和西北各省劳动人民所喜爱。

据1936年四川农业改进所的调查，四川主要产烟县份产烟量如表2，从表2，可见什邡、新都、金堂三地索烟，共539525市担，约占全川晒烟产量的50%，索烟在四川所占地位的重要，由此可见一斑。（见表2）

我国湖北西部的均州、郧阳一带，河南的邓县、冠军等地也都产有索烟。

2. 江西广丰紫老烟叶

广丰紫老烟叶，叶片宽大，深褐色，味浓，在抗日战争以前，它与浙江桐乡紫老烟叶，大量外销埃及。此外，每年销南洋群岛的

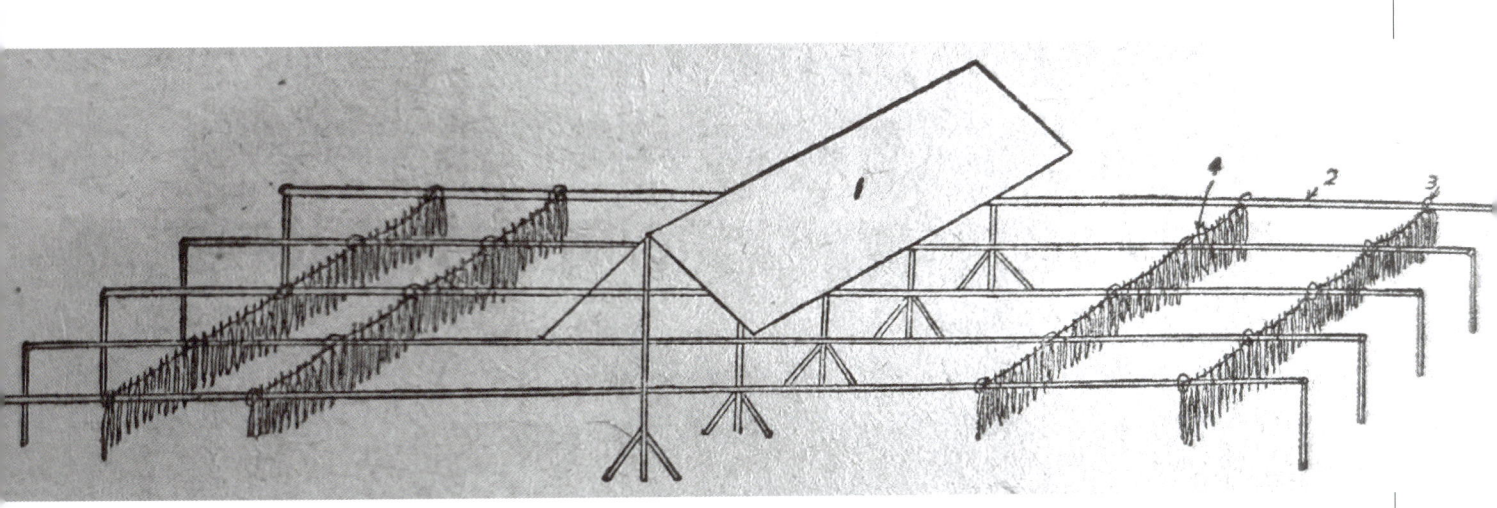

图一

表2　四川主要产烟地点晒烟产量统计表

县别	产量（市担）	县别	产量（市担）
什邡	358092	金堂	71618
新都	109815	江油	47746
郫县	95491	温江	41776
绵竹	89523	其他	282993
合计	1107054		

表3　江西广丰烟产情况

年份	产量（担） 紫老广丰	产量（担） 白黄广丰	产量（担） 金黄广丰	总产量（担）	紫老广丰占比（%）
1928—1929	70000	30000	10000	110000	63
1950	14000	5000	1000	20000	70

也很多。

广丰的晒烟，一共有三种，即紫老广丰、白黄广丰、金黄广丰三种。紫老广丰以东南乡的二十四都所产最好。作者于1950年赴广丰了解情况，曾将广丰烟产数量简单调查如表3。

在1928—1929年之间，紫老广丰曾大量出口，当时紫老广丰占全县烟产的63%。在1950年解放初期，因为海运未通，紫老广丰因此减产，但仍占当地烟产的70%，其比重是相当大的。现在，外销已经恢复了。

在解放以前，紫老广丰烟叶是各帝国主义者竞争掠夺的对象。当时在上海英帝国主义所办的怡和洋行，德国的美最时洋行，法国的永兴洋行、麦多洋行，日本的伊藤洋行等，都以低价大量收购我们的紫老广

丰和紫老桐乡，用他们自己的海船装运，销到埃及，再以高价剥削埃及人民。平均每年要外销10000包左右（每包150磅），其中紫老桐乡占六成，约6000包，紫老广丰占四成，约4000包。4000包外销的紫老广丰就合60万磅。此外，在上海做雪茄烟用的和外销南洋群岛做"黑老虎"烟丝的约有200万斤。

紫老广丰的烟味是非常浓厚而且具有特殊的芳香，这种优良的品质，在任何最好的烤烟中也难找到。外销苏联和欧洲新民主主义国家，评价很高。

3. 浙江紫老桐乡

浙江西部的桐乡，烟叶都种在旱地上，是当地的主要农产品之一。桐乡烟叶也有红黄两种，桐乡黄烟可作为中下级纸烟的

中国雪茄文化研究

原料，紫老桐乡则以外销为主。

紫老桐乡，叶片较紫老广丰稍小而薄，色泽亦不若紫老广丰的深暗，大半呈褐色而带有红色的光彩。

紫老桐乡最高的出口量是在1937年，曾达10826公担。抗日战争胜利以后，由于国民党匪帮肆意剥削和美国烟叶大量进口，桐乡烟叶，大大减产。解放以后，人民政府大力恢复外销，现在已外销苏联和东欧诸新民主主义国家，做雪茄外包叶用，此外印度尼西亚和广东潮州、汕头一带，也有大量销额。

桐乡烟叶以屠甸区的百福、永丰等地，城洑区的革新、稻禄等地所产最多，种烟面积约25000亩左右，年产3500000斤。当地烟农，对于栽烟、晒烟（先晒叶面，后晒叶背）很有经验，烟叶品质良好，发展前途很大。

4. 浙江松阳烟叶

松阳四境万山重叠，县城附近却是一片平原，烟叶是除米谷以外第二个农产品。据不完全估计，每年约产30000担左右，全县人民的生活与烟叶发生关系的有十之八九。整个松阳的农村经济，与烟草息息相关，烟草可说是松阳整个国民经济中的主要动脉。

松阳的土壤略带砂质，土层深厚，芯土较粘，颇合烟草的生长。全县栽烟面积据1939年浙江农业改进所的调查，为7331亩，其中北乡古市一区即

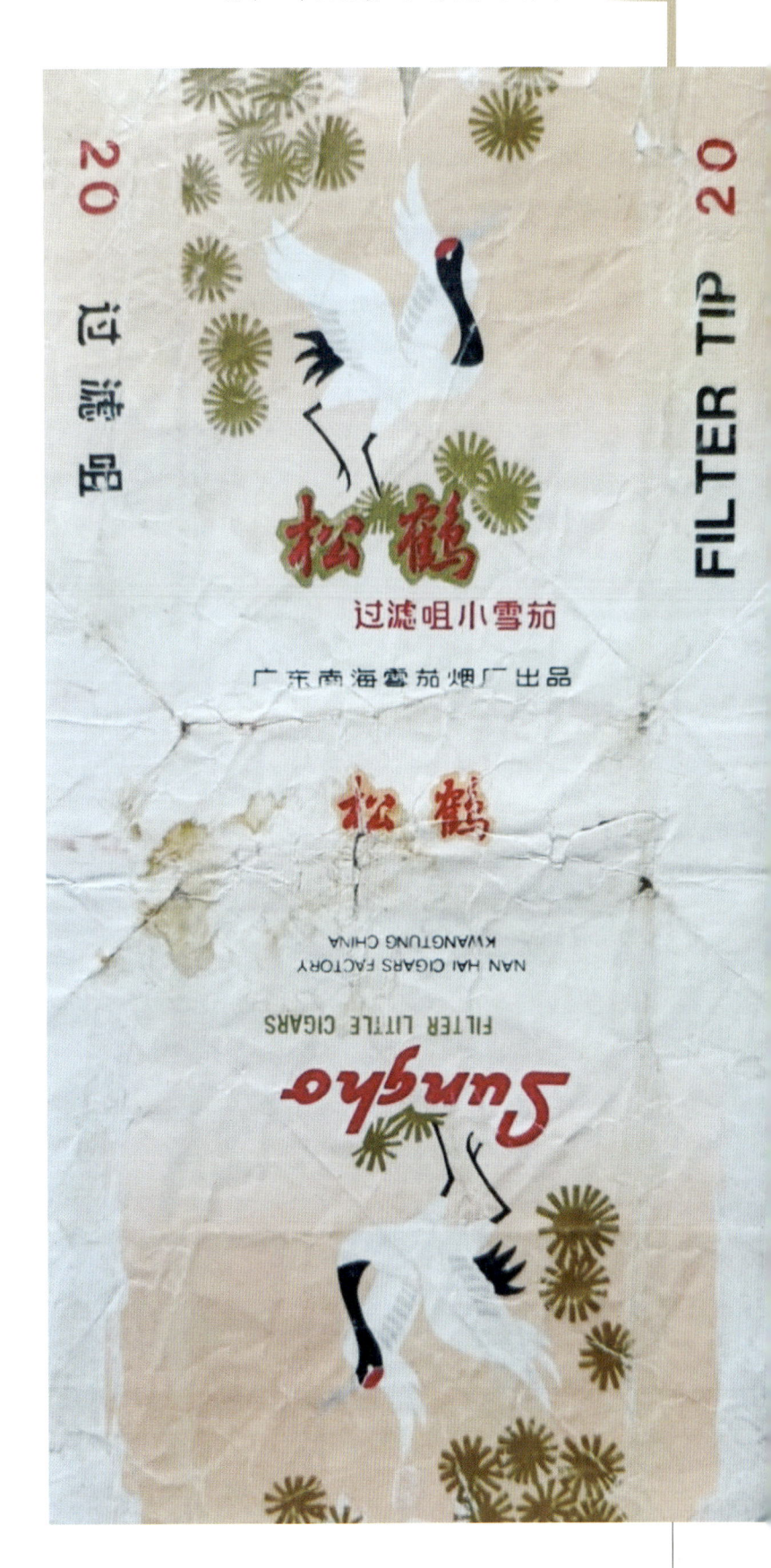

达4181亩，此外竹溪、靖居、玉岩一带亦有种植。

松阳烟草分省内销与省外销两种，大约销浙江省内金华、衢州、建德、湖州、温州、台州各地占总额的1/3，其余2/3则外销上海、厦门、潮州、汕头、香港及南洋群岛，做雪茄烟及"黑老虎"烟之用。

松阳烟草，叶片很大，叶肉很厚，色泽棕褐，且能耐久贮藏，贮藏久的松阳烟叶，可以做鼻烟用的，汕头、潮州一带，非常乐于采用。

5. 江西其他各地的深色晒烟

江西除紫老广丰以外，其他各地的深色晒烟很多，品质最好的要推江西南部广昌的驿前烟。驿前位于广昌、石城、宁都三县之间，在这一个三角形的地区中，以驿前所产的烟叶品质最好，其次为中祠、半桥、头坡等地。驿前烟叶，与紫老广丰相似，叶大而宽，含油充分，呈紫红色，香味浓郁，原来是外销广州和南洋群岛的。在土地革命时期和抗日战争时期，对外贸易中断，且山岭重峙，交通不便，现在只有少数出产，将来恢复有望。

江西鄱阳红褐色烟叶，专销汕头、潮州一带。鄱阳烟叶有内山（即珠湖一带）、外山（即乐田、幺山、穹山、莲湖一带）之分。以乐田所产品质最好，莲湖最差。江西南部大庚、安远的深色晒烟，叶片很大，现以销本省和广东为主。

6. 广东鹤山红烟

广东的鹤山红烟，统称熟烟，在冬季栽种于水稻田上。每年种一季烟草，两季水稻。

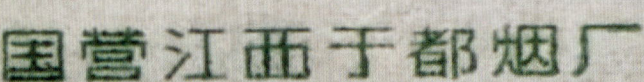

据中国土产公司广东公司的材料，在抗战以前，最高一年的产量，曾达15万市担，关系到四、五万人的生活，但以后产量降低，主要的原因，由于海运未畅通，南洋群岛的销量减低的缘故。近年来年产约3万担左右。

鹤山烟叶叶形狭长，呈暗褐色，含油量多，味极浓，两广的工人和农民所吸的"黑老号"烟，主要的是以鹤山红烟做成的。现在已大量销往匈牙利、捷克、东德各人民民主共和国。广东省自1954年起，拟扩大鹤山的栽烟面积（不与当地的主要粮食作物水稻争地），预计不久产量可大大提高。

除鹤山以外，广东的清远亦产红烟，用途与鹤山同，但品质不及鹤山的好。

7. 附广西武鸣晾烟

广西武鸣的深色烟叶，其外表与广东鹤山、清远的相似，其烟味与什邡索烟不相上下，但它在调制过程中，与晒烟不同，是用阴干法调制而成的，称为晾烟，但它的用途与深色晒烟相同，所以并入这里叙述。

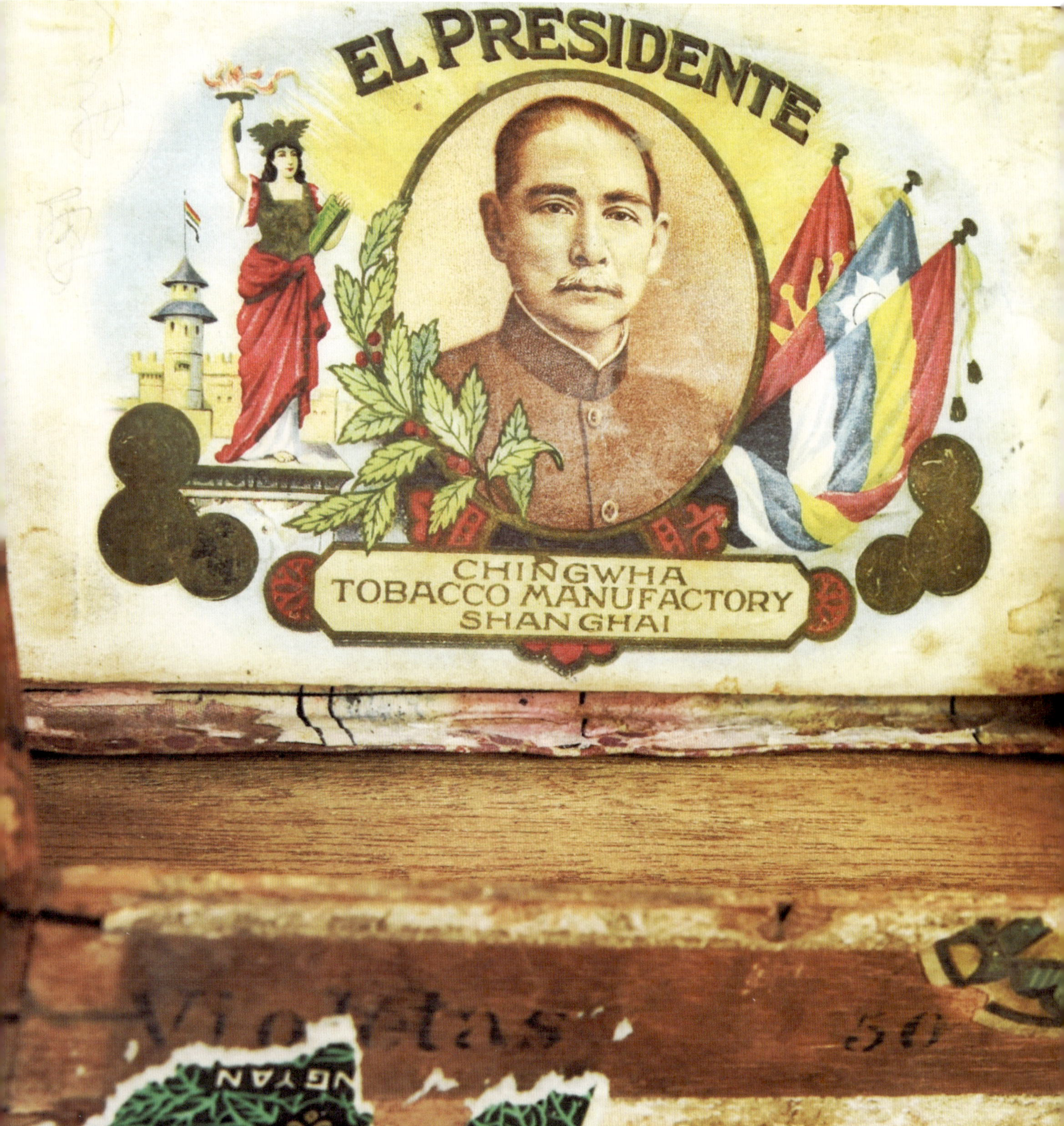
EL PRESIDENTE
CHINGWHA
TOBACCO MANUFACTORY
SHANGHAI
50

武鸣地处北回归线以南，在南宁以北。当地的主要作物为水稻，其次为玉米，第三就是烟草。烟草在冬季栽培，常为水稻的前作。烟产以东乡最多，尤以四塘、五塘、六塘各地所产品质为佳。据1936年广西农事试验场唐士杰等的调查，该年武鸣产烟约28946担，叶片长40—50厘米，阔12—16厘米，收获时采用全刈法。

武鸣晾烟的集散地是陆干、双桥、巴桥、吉桥等处，以陆干为中心。除本地刨做烟丝外，远销南宁、百色，由南宁再转龙州，由百色再销往云南。

总之，我国的深色晒烟，色泽虽深，但烟味至佳。其中就叶型而分，可分为柳叶型（狭叶型）与榆叶型（宽叶型）两类，柳叶型如四川什邡、广西武鸣、广东鹤山，其中以什邡索烟产量最多，销路最广。榆叶型的深色晒烟，多产在江西、浙江两省，以浙江的桐乡与江西的广丰产量最多，品质最好，松阳、鄱阳、广昌（驿前）、大庾、安远各县产量均不多，除一部分当地消费外，大多数销广州、潮州、汕头、上海、香港以及南洋群岛，制造烟丝及做雪茄烟之用。现在也外销苏联和东欧人民民主国家。

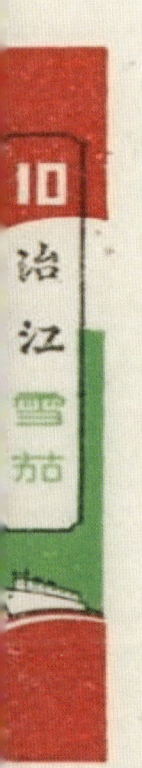

第二节
淡色晒烟

我国各地的淡色晒烟，种类非常的多，色泽有黄白色、淡黄色、金黄色、深黄色不等。以前是做水烟旱烟的原料，现在已大批用来作为中下级纸烟的原料。凡色泽愈黄，烟味愈淡的，那么作为纸烟原料也就愈合用。淡色晒烟之中，也有许多是外销的。

1. 广东南雄与江西信丰淡黄色晒烟

广东南雄在梅岭南麓（西距韶关100公里），江西信丰在梅岭之北（南距赣州74公里），两地相距仅77公里，气候相似，多种在丘陵地上，烟叶又是同一个类型，品质也相差无几，在市场上信丰烟叶常混

称南雄烟叶出售，所以两者并为一谈。两者也稍有区别，信丰烟叶一般较南雄烟叶稍大而厚，它的叶面上淡青色的晒斑较南雄稍多。

南雄烟叶的产区有两个，一个在南雄的西南角，是古篆和马市（属始兴县），产量较少、品质较差（叶厚而质地粗糙）；一个在南雄的东北，沿南雄到信丰的公路上，产烟较多，品质较好。一为大塘，位于信丰到龙南的公路上，产烟较少，品质较次。此外，小河在正坪和大塘之间，亦出产有少量的烟叶。

南雄与信丰烟叶，由于它们的调制方法较一般晒烟为佳，用半晒半烘法，所以叶片的色泽非常黄亮，是我国最好的一种晒烟，选叶扎把非常仔细，包内品质很一致，并且登市又早（在端午节左右上市），所以在国内外市场上，有它一定的地位。南雄烟以前外销香港很多，最近外销捷克斯洛伐克人民民主共和国。在国内主要销上海、广州、汉口、青岛等地。信丰则以销上海为主。

2. 河南邓县淡黄色晒烟

邓县在河南的西南角，与湖北的老河口相距不远，当地产有三种烟叶，即邓坑（烤制）、邓片（竹夹晒烟）和邓纽（用绳索晒制）。邓片与南雄烟相比较，它的色泽并不亚于南雄，只是叶片稍薄，在制造纸烟时，容易产生较多的烟末和碎屑。

邓片的主要产区在张村（邓纽以冠军所产最佳），当地群众对于晒制方法有丰富的经验。第一天采收后即用烟利子（竹制小刀）划破背面主脉基部，先晒叶背，到叶片"发汗"（有水点）时，恐变枯，即行"避火"，所谓避火，即将烟夹层层堆积，

175

到下午3—4时再行摊晒叶背，傍晚收起。第二天上午仍晒叶背，中午"打罗"（两个竹夹成人字形互相依靠，均不受阳光直射），傍晚收起。第三天再晒叶背，使主脉完全干燥，当晚回潮，称为"吃露水"，以手摸叶不致碰碎时，即可收起。第四天晒叶面，稍回潮后，即行叠起。两次回潮，均可使叶片继续变黄。约4—5天即可晒毕。邓片以销上海、汉口为主，本地作水烟旱烟使用。

3. 江西广丰淡黄色晒烟

广丰一地，产有三种晒烟，它的深色晒烟（紫老广丰）以外销为主，它的淡黄色晒烟（白黄和金黄）以内销为主。以前，广丰的淡黄色晒烟，完全用于制造水烟和旱烟，而现在也有部分作纸烟原料用的。

广丰淡色晒烟中的白黄烟和金黄烟，它们的产量常成4:1之比，白黄烟之所以多产，主要是由于色泽更淡的缘故。

白黄广丰烟产于广丰南乡，最好的是在二十二都和三十都，金黄广丰烟产于广丰的东乡，最好的是在十三都。

4. 浙江萧山四都金黄色大叶晒烟

浙江萧山的四都烟，叶片很大，色泽金黄，常带有桂花香。以前主要作水烟旱烟用，现在上海各烟厂用它

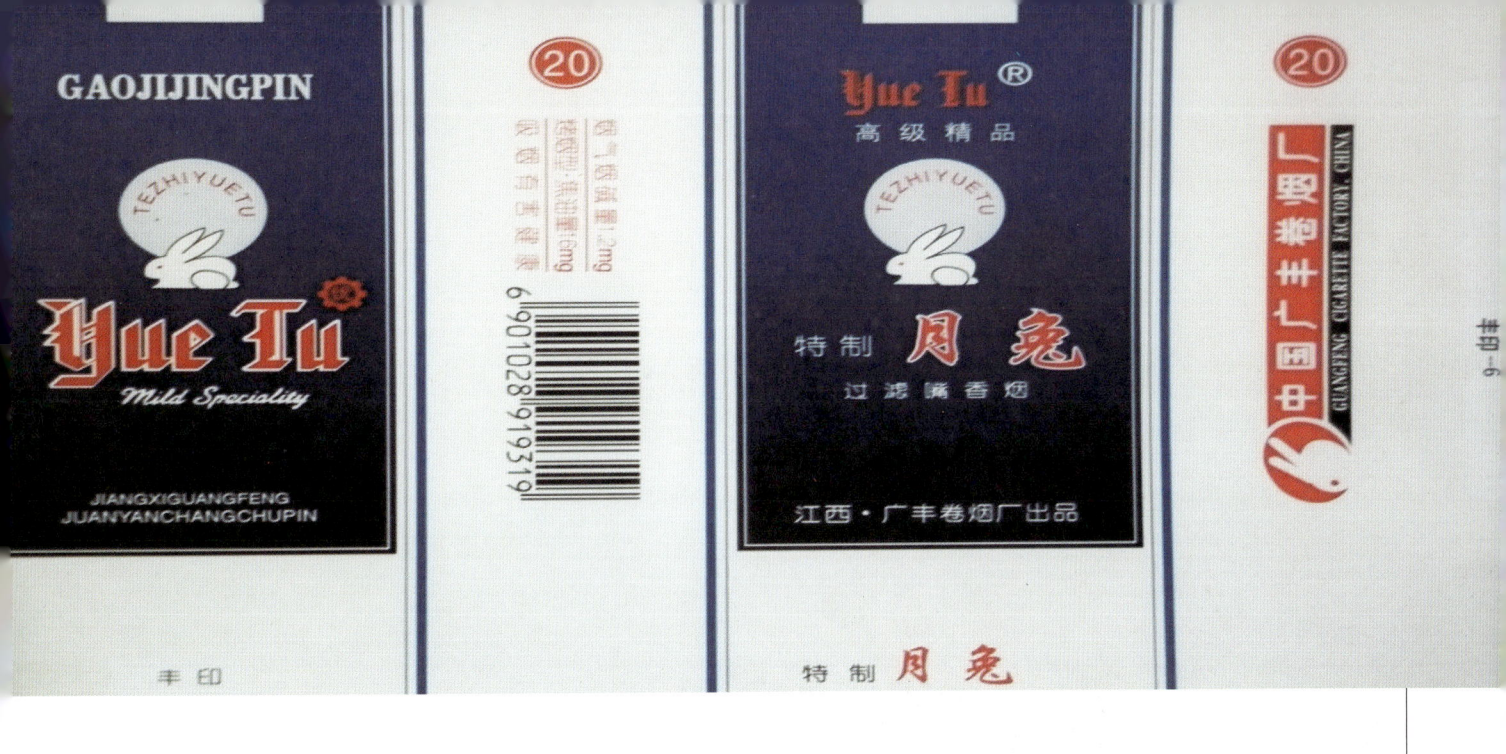

掺做纸烟用，冬季掺用尤多（夏季掺用易发霉，故少用）。

　　四都烟叶之所以为纸烟厂所欢迎采用的理由，主要是由于叶片大，所切下来的烟丝也长，在纸烟中可抱合其他较短的烟丝或烟梗丝，不致有空头（纸烟的一端烟丝掉落）的毛病，并且色泽淡黄，烟味纯淡。

　　四都烟叶，产于萧山沿钱塘江的冲积土上，以长河、西陵等地所产最多，但以闻家堰附近的四都所产品质最好。在四都，烟田有两种，一种是沙地，用绿肥（巢菜或紫云英）翻入土中，作为基肥，因此所产叶片较大而较厚，叶色较深，多呈金黄色。另一种是水稻田，不种绿肥，所产叶片虽大但较薄，叶色淡黄。

　　四都烟的等级很多，最好的是烟株上端的二、三片顶叶，称为头榔，头榔在晒制时，正值大暑，其时棉花吐絮盛期，所以也称为花榔。其次是二榔，是头榔以下的3—4片叶子。再次为下榔，

是二榔以下的3—4片叶子。最差的是皮子，即脚叶。

四都烟叶的产量，平常年产600万斤，最低400万斤，最高一年（1947年）曾达1000万斤。销售情况，在解放以前，在浙江省内（杭州、诸暨、宁波）占20%，省外（上海、南京、江西、广州、厦门、哈尔滨等地）占80%，解放以后省内（尤其是杭州）销路增加，占40%，省外（主要是上海）销路占60%。

5. 其他各地金黄色大叶晒烟

安徽桐城、汤家沟一带所产的金黄色大叶烟，其叶片虽较四都略小，但色泽黄亮，叶肉细致，返潮以后，弹性很好，烟味也很好，所以上海卷烟厂用来掺做中下级纸烟用，取其切下后烟丝很长，抱合力较大。

浙江东南部平阳桥墩门所产的金黄色大叶烟，其叶形大小与萧山四都烟不相上下，色泽黄亮，品质亦佳，只叶片较薄，切下后碎片较多。

四川中江金黄色大叶烟，叶片也很大，色泽略带深黄，在四川成都一带，主要作水烟丝用。

上述三地烟叶，品质不差，只是产量不很多，且交通运输不便，故只能部分的采作纸烟原料用。

6. 江西省各地的金黄色大叶晒烟

江西省各地所产晒烟很多，除深色晒烟，和广丰、信丰淡黄色晒烟以外，很多县份产有金黄色的大叶晒烟。其中产量较多、品质较好的有黎川晒烟和龙南晒烟。其余鄱阳、都昌（九都、六都）、吉安（楼江渡）、高安（十五都）、南城（珀玕）、宜黄、瑞金、雩都、彭泽、玉山、赣县等地，均产有少量的烟叶。

黎川在江西的东南角，与福建的三宁（建宁、泰宁、宁化）交界，在武夷山脉之西，当地所产烟叶，叶片很大，与四都不相上下，亦用人粪尿作为追肥。大多种烟在水田中，因此其品质仅略次于浙江萧山四都晒烟，

上图：安徽枞阳左岗公社孙岗大队联营砖瓦窑厂正在出窑　程嘉楷摄（安徽日报供稿）
下图：四川什邡供销社积极做好收购准备。收购人员在云西公社第一大队检查晒烟质量
　　　　　　　　　新华社记者　游云谷摄

上图：湖北潜江沙街公社联兴大队第一生产队社员在晾晒粉条　新华社记者　刘心宁摄
下图：江苏吴江湖滨公社江星大队第三生产队大量饲养鹅鸭
　　　　　　　　　新华社记者　周庆政摄

1965年7月17日《人民日报》第二版

但色泽较暗黄，所以大半做刨丝烟用，当地烟丝作坊很多，销往江西各县。

黎川南乡产烟最多，其中以三都所产品质最佳。五、七、八都亦产，此外西乡的横村、熊村亦产有烟叶，惟数量不若南乡的多。在1926年（当时纸烟在江西尚未盛行），黎川曾产90万斤烟叶，以后烟丝销路日窄，到了1950年只产烟叶10万斤了。

龙南在江西之最南部，与广东毗邻，其地多大山，以桃江两岸如寨背、江东、嘉吉堂等地所产烟叶最多，均种在稻田上，种烟后栽稻，多施人尿和花生饼，叶片很大，烟味很好，带有桂花香味。最大的顶叶（当地称为头层，深红色）专销广东老隆及汕头、潮州一带作烟丝用，其二层（上二棚）和腰叶，色泽金黄，1951年作者曾自龙南携至上海，做中下级纸烟，结果很为满意。可惜交通不便，产量不多，未能大量外销，仅供江西各地刨丝烟用。

7. 瑞昌（宿松、黄梅、广济）深黄色晒烟

这几个地方，虽分属赣、皖、鄂三省，但都在北纬30°东经116°相交点附近，是长江中下游湖沼地区，其自然条件与所

捲菸至上　雲中鶴名　品質絕頂
製造專精　裝潢雅麗　樣式翻新
最著特點　腥腦怡神　解煩驅穢
口齒留芬　馳譽遐邇　商標認清

精製國產捲菸每包百支裝

生得十全景多益壽

新生股份有限公司

小雲中鶴商標

廠址四川中江縣新城正街

公元一九五零年雲印政

产烟叶的品质，均极相近。而以瑞昌县所产为最多，故以瑞昌烟为代表。

瑞昌西距九江90里，在武穴的对江，该县赤湖四周的泥湾、朱湖、刘庄、武菱等地所产最多。当地盛行以湖草为基肥，追肥多用人粪尿。栽培管理并不精细，叶片上青虫伤口很多。以伏晒黄烟的提黄（腰叶）、上中叶（腰叶稍上几片叶子）、下中叶（腰叶稍下几片叶子）色泽较黄，但弹性较差，烟味不佳。其余秋晒黄烟如当地所谓盖露（顶叶）、三挂子、二挂子（下二棚）和脱皮（脚叶），则色泽深黄而带点灰色，品质不佳。

瑞昌烟叶以往不注意打杈，有时将整个杈子连同杈子上的许多叶片，一起采下晒制，叶片既小，色泽深暗，选叶扎把，未成习惯，烟包中的等级很混杂，故只能做低级纸烟部分的原料用，现已改进。

瑞昌、宿松等地烟叶价格便宜，以前外销朝鲜和日本，为数不少。今后当从施肥、管理（尤需多治青虫）、选叶扎把、分级打包改进着手，争取大量恢复外销。

8. 其他各地的深黄色晒烟

福建沙县、南平（早稻后再种烟），四川渠县、绵竹，湖北武昌、天门，湖南湘潭、宁乡、邵阳，江苏徐州、砲车，浙江桐庐、浦江，都出产有深黄色的晒烟，品质中等，只是产量都不很多，供本省做烟丝或部分掺作中下级纸烟用。

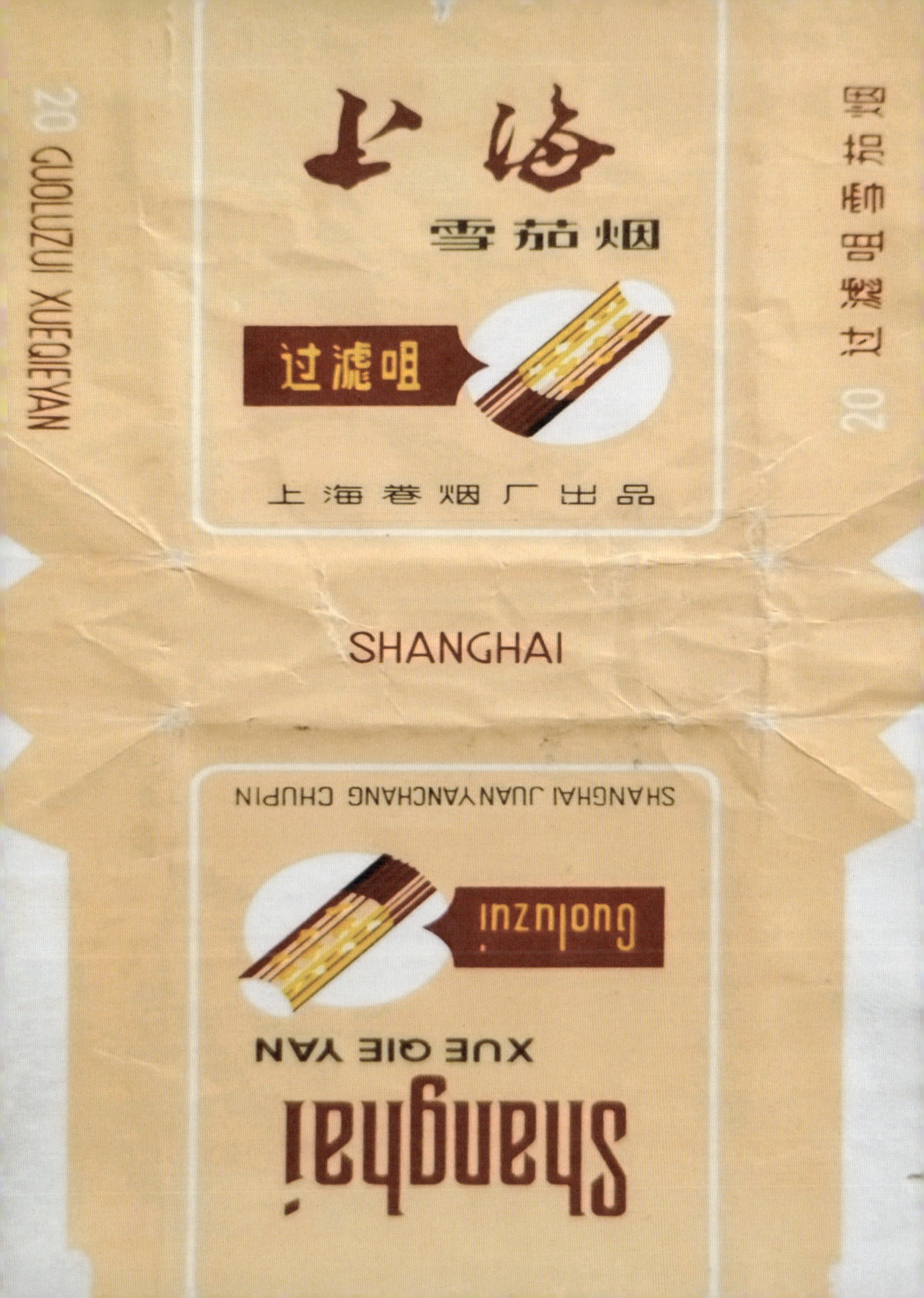

上海

雪茄烟

过滤咀

上海卷烟厂出品

SHANGHAI

Shanghai XUE QIE YAN

Guoluzui

SHANGHAI JUANYANCHANG CHUPIN

20 GUOLUZUI XUEQIEYAN

20 过滤咀 上海卷烟厂出品

9. 浙江新昌、湖北黄冈淡黄色小叶晒烟

浙江新昌、湖北黄冈两地的晒烟，都种在山坡地上，所产烟叶，叶片很小，长度通常在15—20厘米之间（四都、桥墩门、桐城、黎川等地大叶晒烟长度一般在60—70厘米之间），但色泽黄白，有一种浓郁的烟味。

新昌烟叶主要分布在澄潭及城郊的石溪、新溪等地，全部在半山区，地势较高，土质较瘦，常年产量在4—5万斤左右，除销杭州、宁波、上海等地外，现大量销往民主德国。在上海纸烟厂多在夏季采用，因其叶薄吸湿性较弱，不易发霉。

黄冈烟叶以马鞍山所产最著名。当地栽培不行打顶，叶片很薄，晒2—3天，即可竣事。

黄冈晒烟与新昌烟叶，其大小、色泽、品质均极相似，只黄冈晒烟主脉较粗，而叶肉较柔软，为其区别。以前，两者年销德国约三万包左右，亦销往南美巴西。

江西进贤梅庄一带所产的烟叶，叶片很小，色泽黄亮，只是产量不多，与新昌、黄冈属同一类型淡黄色小叶晒烟。

新昌与黄冈烟叶，其叶形与烟味，与土耳其烟很相似。土耳其烟以土耳其、希腊、保加利亚、苏联黑海等处所产最多，叶片很小，香味浓郁，或称为香料烟，为非常名贵的制烟原料。浙江新昌近年来试种，成绩良好，据当地经验，以排水良好的东南向的山坡瘠地，择表土带有砂砾，芯土为黏土，土层不太厚或半风化岩屑的岩层，种植最好，山底平坦肥沃的土壤，反不相宜。土耳其烟的叶片以小为贵，所以需要密植，可以不必打顶打杈，1952年新昌荷花塘试种的结果，不打顶的每1000株可收干叶30—40斤。发展前途很有希望（贵州近年来亦在试种土耳其烟）。

20 TIYANKAN TAMAKISI

天山

新疆卷烟厂出品

XINJIANG TAMAKAZAWUDI

KÖK KƏKILLIK

TAMAKISI

20 天山香烟

本书中的雪茄烟标、广告画图片，除中国雪茄博物馆所摄自有藏品外，由鞍山尧晖烟文化博物馆提供，其中益川工业社所属爱国、淡芭菰、工字烟标图案，尧晖烟文化博物馆仅授权本书使用。香港半径兄弟烟草公司董事长、中国烟标协调委员会主任姚辉先生大力支持雪茄文化建设，对此我们表示最衷心的感谢！